W0069043

HANNELORE GRIMM

Kätzchen

HALTEN | PFLEGEN | BESCHÄFTIGEN

KOSMOS

INHALT

SCANNEN UND ERLEBEN

 QR-Codes im Buch scannen: Der schnelle Zugang zu weiteren Infos und Filmen rund um Ihr Tier. Mit diesem Code oder unter www.m.kosmos.de/13252/t1 gelangen Sie zur Übersicht der QR-Codes. Wir empfehlen Ihnen eine WLAN-Verbindung zu nutzen, um lange Ladezeiten zu vermeiden.

VERSORGEN

 alles im Überblick

 alles Wissenswerte

 alle Extras

VERSTEHEN

 alles im Überblick

 alles Wissenswerte

 alle Extras

Kätzchen und Zubehör
AUSSUCHEN

GRUNDAUSSTATTUNG

S. 8

Alles bedacht?

Bevor Sie sich ein Kätzchen kaufen, sollten Sie sorgfältig abwägen, ob Sie die nächsten zwölf bis 18 Jahre für das Tier sorgen können. Klären Sie, ob in Ihrem Haus Katzen gehalten werden dürfen und ob alle Familienmitglieder einverstanden sind. Schauen Sie sich um: Kätzchen gibt es auf Bauernhöfen, bei Züchtern, im Tierheim oder bei Tierschutzorganisationen, manchmal auch von Privat. Wird das Kätzchen in der Wohnung gehalten und ist viel allein, sollten Sie zwei Tiere zu sich nehmen.

S. 12

Checkliste

Darauf achten Sie beim Kätzchenkauf:

- ❏ Die Tiere sind 8, besser 12 Wochen alt
- ❏ Sie haben glänzende Augen, eine trockene Nase und saubere Ohren
- ❏ Das Fell ist seidig und glänzend, es gibt keine Verschmutzungen am Po
- ❏ Der Bauch ist nicht dick, hart oder gebläht
- ❏ Die Kätzchen sind neugierig, aufgeweckt und spielen viel
- ❏ Die Mutter macht einen gesunden Eindruck.

S. 14

Rassekatze?

Hauskatze oder Rassekatze? Um die Entscheidung zu erleichtern, werden Aussehen und Charakter der beliebtesten Rassen beschrieben: Perser, Britisch Kurzhaar, Maine Coon, Norweger, Birma und einige mehr.

S. 20

S. 26

Grundausstattung

Das brauchen Sie als Erstausstattung:

- ❏ einen Kratzbaum mit mehreren Ebenen
- ❏ kuschelige Schlafplätze
- ❏ zwei Futternäpfe, ein Wassernapf
- ❏ eine Katzentoilette, besser zwei
- ❏ Katzenstreu und Schaufel
- ❏ Kamm und Bürste
- ❏ Spielzeug für Katzen
- ❏ eine Transportbox

Herzlich Willkommen

Nun kommt der große Tag: Ihre Wohnung ist schon katzengerecht eingerichtet, die Transportbox steht bereit und Sie dürfen Ihr Kätzchen abholen. Zu Hause angekommen öffnen Sie die Box und warten ab, bis das Kätzchen von allein herauskommt. Es darf sich etwas umsehen, dann zeigen Sie ihm den Weg zum Katzenkistchen. Gönnen Sie der Katze in den ersten Tagen etwas Zeit und Ruhe, bis sie alles kennengelernt hat.

S. 24

Check FÜR MEHR SICHERHEIT. DAMIT IHREM KÄTZCHEN NICHTS ZUSTÖSST.

Vertrauen
VON ANFANG AN

KLEINE HERZENSBRECHER Ein Kätzchen erobert die Herzen der Familie im Sturm. Charmant wickelt es jeden ein. Und auch der wird bezaubert sein, der dem Katzenwunsch skeptisch gegenüber gestanden haben mag. Wer kann sich einem so süßen, vertrauensvollen Etwas schon widersetzen? Es gibt eigentlich nichts Schöneres als kleinen Kätzchen beim Spielen und Toben zuzuschauen, es ist live und besser als manches Fernsehprogramm.

Unbekümmert und frech

Es wirbelt durch die Wohnung und ist dabei so niedlich, zart und schutzbedürftig, dass jeder in der Familie Muttergefühle entwickelt. Wo ist es? Schläft es? Hat es gefressen? Jeder sorgt sich. Das merkt ein Kätzchen schnell. Es sieht auch, dass es sich einiges herausnehmen darf. Und das ist viel mehr als das, was die Katzenmutter geduldet hätte. Genau genommen erwartet ein Kätzchen

Schlafen oder Dösen? Auch wenn das Kätzchen scheinbar schläft, sind die Ohren auf Empfang gestellt und es blinzelt mit einem Auge.

Schnuppernd nimmt die Katze Kontakt mit dem Kätzchen auf.

Das ist dem Kleinen nicht geheuer, auch wenn es neugierig ist.

Ein freundlicher Stubs und die Freundschaft ist besiegelt.

instinktiv, dass es gelegentlich auf Widerstand stößt und sich an Verbote halten soll. Deshalb ist Erziehung von Anfang an der beste Weg zu einem unbeschwerten Miteinander.

Streicheln ja, Streiche nein

So manche kleine Unart, die man nicht direkt verboten hat, kann das anfänglich so gute Verhältnis zum Kätzchen nachhaltig trüben. Denken Sie nur an seine Freude, auf Hände und Füße Jagd zu machen. Kleine Krallen tun noch nicht weh, aber die Pranken eines ausgewachsenen Katers können ziemlich verletzend sein. Das Kleine muss also lernen, wo die Grenzen sind. Das ist bei einem Jungtier noch leicht, obwohl ein zwölf Wochen altes Kätzchen auch schon seinen eigenen „Kopf" hat.

Ihre Rolle: Katzenmutter

Sie als Halter spielen die Rolle der Katzenmutter. Alle anderen Familienmitglieder, etwa weitere Katzen, ein Hund oder Kinder, werden wie Geschwister oder wie sonstige Verwandte wahrgenommen, mit denen man sich arrangieren muss. Das gilt für Wohnungskatzen. Freilauftiere müssen sich nicht arrangieren. Bei ihnen kann es vorkommen, dass sie sich ein neues Zuhause suchen, wenn es ihnen zu bunt wird.

Gewissensfragen

Folgende Punkte sollten vorab geklärt sein:

- Katzen werden zwischen 12 und 18 Jahre alt. Sind Sie dazu bereit, jeden Tag für Ihre Katze zu sorgen, und das ihr Leben lang?
- Ist Katzenhaltung im Haus erlaubt?
- Wenn Haare durch die Wohnung fliegen oder das Sofa Kratzer abbekommt, stört es Sie nicht.
- Auch Katzen kosten Geld. Neben den Anschaffungskosten fallen Kosten für Futter, Streu, Kratzbaum und Spielzeug an. Und wenn die Katze krank ist, können höhere Tierarztkosten anfallen. Planen Sie die Unkosten ein.
- Reagiert jemand in Ihrer Familie allergisch?
- Mit nur mal schnell füttern ist es nicht getan. Das Kätzchen möchte Aufmerksamkeit, Pflege und Beschäftigung. Haben Sie die Zeit dazu?
- Wohin im Urlaub? Gibt es Freunde oder Verwandte, die sich um die Katze kümmern, während Sie weg sind?

Wenn Sie alle Punkte sorgfältig geprüft haben und einlösen können, dann steht dem Kauf nichts mehr im Weg. ■

HALTUNGSFRAGEN In diesem Film wird erklärt, welche Bedürfnisse Kätzchen haben. Unter www.m.kosmos.de/13252/v2 gelangen Sie auch zum Film.

Allein sein Das Leben als Wohnungskatze kann einsam werden, wenn man keinen Kumpel hat. Da bleibt nur schlafen und putzen.

Zuwendung
MACHT GLÜCKLICH

LIEBER ZWEI KATZEN Grundsätzlich bleiben Katzen nicht gern lang allein. Ein Tag dauert für eine Katze manchmal eine Ewigkeit. Es ist deshalb nicht artgerecht, Wohnungskatzen acht Stunden oder länger allein zu lassen. Wenn Sie viel unterwegs sind, sollten Sie am besten zwei Tiere aus demselben Wurf nehmen und beide frühzeitig kastrieren lassen.

Zwei Katzen machen nicht wesentlich mehr Arbeit als eine, dafür sind sie ausgeglichener und helfen sich gegenseitig über die Stunden hinweg, in denen Sie nicht da sind. Überlegen Sie es sich jetzt, denn zu einem späteren Zeitpunkt noch eine weitere Katze zu einem Einzeltier dazuzugesellen, geht selten ohne Probleme vonstatten. Während der ersten sechs Monate können Sie ohne weiteres noch ein Kätzchen hinzugesellen. Bei einer erwachsenen Katze sollte das Zweitkätzchen ein Jungtier sein. Hier gibt es die wenigsten Probleme mit einem Tier des anderen Geschlechts. Warten sie jedoch mit einer Zweitkatze nicht allzu lange, je älter die erste Katze ist, umso problematischer wird die Eingewöhnung einer zweiten Katze.

Kater oder Kätzin?

Wenn Sie nur ein Tier halten wollen, sollte das Geschlecht Sie nicht beeinflussen. Es gibt nämlich keine gravierenden Unterschiede im Verhalten von Katze oder Kater. Beide sind gleich intelligent, lieb und verspielt. Kater werden etwas größer. Kastriert werden beide Geschlechter.

Tierhaltung erlaubt?

Einem Hausbesitzer stellt sich diese Frage nicht, aber schon der Besitzer einer Eigentumswohnung kann Probleme bekommen. Er braucht sich die Katzenhaltung von der Eigentümerversammlung im Normalfall nicht verbieten zu lassen. Es gibt jedoch zwei Ausnahmen: Zum einen kann ein Katzenverbot schon in der Teilungserklärung des Hauses stehen. Dann muss sich ein Eigentümer dem Katzenverbot beugen. Zum anderen dienen unerträgliche Zustände als Begründung: Stört eine Katze die Hausgemeinschaft in unzumutbarer Weise, kann ein Katzenverbot gerichtlich durchgesetzt werden.

Haus- oder Rassekatze?

Dass eine Hauskatze gesünder und robuster wäre, ist ein Gerücht. Tatsache ist, dass ein Rassetier von Geburt an tiermedizinisch überwacht wird, während manches Hauskätzchen erst mit zwei oder drei Monaten zum ersten Mal von einem Tierarzt gesehen wird und noch nicht entwurmt wurde. Sollten Sie sich für eine Rassekatze entscheiden, machen Sie sich auch die Mühe und schauen sich einige Zuchten an, um zu entscheiden, bei wem Sie Ihren neuen Lebensgefährten kaufen. Seien Sie kritisch und lassen Sie Ihren gesunden Menschenverstand walten. ■

SPARRINGSPARTNER
1. **Zu Zweit** lässt es sich prima raufen.
2. **Schwitzkasten** Er hält den Bruder im Würgegriff.
3. **Attacke** Auf zur zweiten Raufrunde.

Heimische
HAUSKATZEN

GEFLECKT ODER GETIGERT Die Mehrzahl aller Katzen gehört in die Familie der Hauskatzen. Es gibt sie in allen Farbschattierungen, wobei die Getigerten immer noch den größten Anteil ausmachen. Ihre Augen sind fast immer von grünlicher Farbe. Das kurze Haar ist relativ pflegeleicht, und dank ihrer angeborenen Sauberkeit übernimmt die Katze die meiste Pflege selbst. Die Jungtiere von Freilaufkatzen haben meistens einen kaum bezwingbaren Freiheitsdrang. Deshalb sind sie als reine Wohnungskatzen nur bedingt zu halten.

Hauskätzchen finden

Es besteht die Möglichkeit, auf einem Bauern- oder Reiterhof ein Kätzchen zu erwerben. Die Kätzchen, die dort abgegeben werden, freuen sich bestimmt auf Sie und Ihr Zuhause. Auch in Tierheimen und bei Katzenschutzorganisationen bekommt man kleine Kätzchen. Ein gut geführtes Tierheim oder die Katzenhilfe gibt Katzen in der Regel geimpft und tierärztlich untersucht ab, gegen eine Schutzgebühr oder eine Spende. Vielleicht hat die Nachbarkatze gerade einen Wurf. Doch auch hier sollten Sie Ihren gesunden Menschenverstand walten lassen: Das Kätzchen sollte gesund aussehen und fit sein. Kranke Tiere, die aus Mitleid aufgenommen werden, können sehr pflege- und kostenintensiv sein.

Mindestens 8 Wochen alt

Viele, die Hauskätzchen abzugeben haben, sind froh, wenn ihnen die Kleinen nicht länger zur Last fallen und sie möglichst bald neue Besitzer gefunden haben. Das Kätzchen sollte jedoch mindestens acht Wochen alt sein, weil es bis dahin den Kontakt zu Mutter und Geschwistern braucht. Für die tierärztliche Betreuung, vor allem für die nötigen Impfungen, muss dann der neue Besitzer selbst sorgen.

Check:

CHECKLISTE GESUNDHEIT
- ❑ Der Bauch darf nicht dick, aufgebläht, hart oder gespannt sein.
- ❑ Der After muss sauber sein und darf nicht riechen.
- ❑ Die Augen sind klar und tränen nicht, das dritte Augenlid (Nickhaut) ist nicht zu sehen.
- ❑ Das Zahnfleisch ist rosa, die Zähne sind weiß und das Gebiss zeigt keine Verformungen (Über- oder Unterbiss).
- ❑ Nase und Ohren müssen sauber und ohne Ausfluss bzw. schwarze Krusten sein.
- ❑ Das Fell ist dicht, weich, glänzend und sauber, ohne Knoten oder Verfilzungen. Es weist keine kahlen Stellen auf.
- ❑ Die Haut ist frei von Ausschlägen und Entzündungen.

Zwei, die sich gefunden haben Kätzchen und Kinder vertragen sich meistens prächtig, wenn beide wissen, was der andere mag.

Oder eine Edelkatze?

Wer seine Katze im Haus oder in der Wohnung halten möchte, wird sich eher unter den Rassekatzen nach einem künftigen Hausgenossen umsehen. Ein gesundes, entwurmtes und geimpftes Jungtier mit Stammbaum kostet ca. 300 bis 500 Euro, je nach Rasse auch mehr, und wird in der Regel von einem seriösen Züchter nur mit einem Kaufvertrag in die Arme des neuen Halters gelegt.

Laufende Kosten

Für Futter, Streu und Pflegemittel von guter Qualität muss mit etwa zwei Euro pro Tag und Katze gerechnet werden. Dazu kommen die jährlichen Impfungen gegen Katzenseuche und -schnupfen für alle, sowie Leukose und Tollwut für Freilaufkatzen. Sie sollten also 45 – 60 Euro pro Monat für die Katze zur Verfügung haben. Wenn Sie sich für zwei Katzen entschieden haben, verdoppeln sich die Kosten nicht unbedingt, denn ein Hungriger mehr fällt kaum ins Gewicht.

Ein ruhiges oder ein freches?

Ob Sie das ruhigste, verspielteste oder frechste Kätzchen aus dem Wurf nehmen, bleibt Ihnen überlassen. Sie sollten das Kätzchen wählen, das charakterlich am besten zu Ihnen und Ihren Erwartungen passt. Nehmen Sie sich Zeit, spielen Sie mit ihnen und beobachten Sie die einzelnen Tiere genau. Gehen Sie mit Bedacht vor, denn Sie erwerben einen Freund, der Sie über Jahre begleiten wird.

Kritisch aussuchen

Egal, ob Sie sich für eine Haus- oder Rassekatze entschieden haben, schauen Sie sich das Tier genau an. Prüfen Sie jeden Punkt der Liste. Fragen Sie den Verkäufer, ob und wie die Tiere bereits entwurmt und geimpft sind. Wichtig ist, dass der gesamte Bestand auf Leukose und FIV getestet und negativ ist. Die Katzenleukose und FIV (Felines Immunschwäche-Virus, sog. „Katzenaids") sind Viren, die das Immunsystem der Katzen schwächen bzw. zerstören.

Perser,
BRITISCH KURZHAAR UND SIAM

OB BRITISCH KURZ ODER PERSISCH LANG Die beliebtesten Rassen sind figürlich rund, sehr menschenbezogen und haben einen eher ruhigen Charakter. Die Freunde von lebhaften Katzen halten dagegen schon seit Jahrzehnten der Siam die Treue.

Perser

Perserkatzen sind eine alte, seit über 100 Jahren beliebte und liebe Katzenrasse. Sie tragen von allen Katzen das längste Fell und die kürzesten Nasen. Früher hießen sie „Angoras", eine Bezeichnung, die heute nur noch für die Halblang-

Alte Rasse Perser gibt es schon lang. Die Rasse hat viele Liebhaber, allerdings muss man bei ihnen auch das Bürsten mögen.

haar-Rasse Türkisch Angora verwendet wird. Das wunderschöne lange Haar der Perser ist allerdings nicht besonders pflegeleicht. Das Kämmen sollte bei dieser Rasse zur täglichen Pflicht gehören. Gewöhnen Sie deshalb das Kätzchen schon früh daran, gekämmt zu werden.

Colourpoint

Zur Perserfamilie zählen die Colourpoints, früher auch Khmerkatzen genannt. Sie haben den Körperbau und das langhaarige Seidenfell der Perser, sind aber wie die Siamkatzen Teilalbinos, haben deren schöne blaue Augen und ihre Färbung, also eine hellere Körperfarbe und dunkler gefärbte Abzeichen im Gesicht, an den Ohren und Beinen sowie am Schwanz. Es gibt sie in den gleichen Farbschattierungen, die man bei Siamkatzen sieht.

Chinchilla

Manche halten sie für eine eigenständige und obendrein ganz weiße Rasse. In Wirklichkeit gehört die Chinchilla zu den Perserkatzen und hat am Ende der weißen Deckhaare schwarze Haarspitzen, die das Fell wie dunkel überpudert wirken lassen. Die etwas kräftiger „überpuderten" Katzen heißen Silver Shaded.

British Kurzhaar Die Rasse hat einen wahren Boom erlebt, nicht zuletzt durch das süße Silber Tabby-Kätzchen aus der Werbung.

Britisch Kurzhaar (BKH)

Die Britisch Kurzhaar in Blau (Britisch Blau) kennt man noch unter der Bezeichnung „Kartäuser". Die Briten werden in vielen Farben, nicht nur dem bekannten Graublau gezüchtet. Eine der neuesten Züchtungen ist die Britisch Kurzhaar Colourpoint, also mit Siamzeichnung. Die Gesamterscheinung dieser Katzen ist rund: vom Kopf mit kurzer Nase, großen, tieforangefarbenen Augen bis zum schweren, massigen Körper. Das dichte, gleichmäßig kurze Fell fühlt sich wie Samt an. Die Haltung dieser schönen, im Wesen recht ruhigen, unkomplizierten Katze ist relativ einfach, obwohl sie manchmal einen ordentlichen Dickkopf haben kann.

Die Orientalen

Die Orientalen erkennen Sie an ihrem extrem schlanken und lang gestreckten Körper. Bekannteste Rasse ist die Siam, die auch mit halblangem Fell unter dem Namen Balinese gezüchtet wird. Ohne die typische Siamzeichnung heißen diese Katzen Orientalisch Kurzhaar oder Javanesen, wenn sie halblanghaarig sind. Ihr feuriges Temperament steht im reizvollen Kontrast zu ihrer eleganten Erscheinung. Sie sind gesprächig, sehr anhänglich und gesellig.

Siam

An der Siam faszinieren ihre leicht schräg gestellten, mandelförmigen Augen von tiefdunkelblauer Farbe. Der Körper ist extrem stromlinienförmig, von heller Grundfarbe mit verschiedenfarbigen „Points". Bis Mitte der 50er Jahre war sie eine wesentlich kräftigere und rundköpfigere Katze, die heute wieder als Thaikatze gezüchtet wird.

KATZEN ALS GESCHENK

Ein lebendes Tier kann das Schönste aller Geschenke sein, wenn es ein lang gehegter Wunsch des Beschenkten war. Ein Tier braucht über Jahre unsere Liebe und Versorgung. Deshalb ist eine Katze oder ein anderes Tier kein Überraschungsgeschenk! Leider kommt es immer noch vor, dass Menschen ein Tier zum Geburtstag oder zu Weihnachten kaufen. Ein Tier ist jedoch kein Spielzeug, das man nach den Feiertagen in eine Ecke stellen oder wieder umtauschen kann. ■

HALBLANGES UND *fließendes Fell*

HALBLANGHAAR Deutlich weniger pflegeintensiv als Perserkatzen sind die Waldkatzen-Rassen, deren Beliebtheit in den letzten Jahren stark zunahm. Sie sind imposante Katzen mit einem Fell, das halblang fließend herabfällt und im Gegensatz zum Langhaar der Perser keine filzende Unterwolle besitzt. Es neigt wenig zum Verfilzen, ist im Sommer deutlich kürzer und lichter als im Winter. Trotzdem sollte man auch die Halblanghaarrassen kämmen, vor allem zum Fellwechsel.

Maine Coon

Die Maine Coons gehören zu den größten und ursprünglichsten Rassekatzen. Denn sie haben sich in Maine, einem nord-östlich gelegenen Bundesstaat der USA, eigenständig entwickelt und werden fast unverändert im Aussehen seit über 100 Jahren gezüchtet. Die Maine Coon gibt es in vielen verschiedenen Farbvarianten, mit und ohne Tabbyzeichnung.

Kleiner Maine Coon-Kater Die roten Kätzchen sind fast immer männlichen Geschlechts. Maine Coons gelten als robust und anhänglich.

Norwegische Waldkatze Norweger sind lebhaft, verspielt und clever, doch sie haben auch eine sanftmütige, verschmuste Seite.

Heilige Birma Kleine Schmuser mit strahlend blauen Augen. Die Birma hat weiße Pfötchen und schmust für ihr Leben gern.

Norwegische Waldkatze

Die Norwegische Waldkatze ist ebenso eine große, kräftige und muskulöse Halblanghaar-Katze, insgesamt jedoch nicht so massig wie die Maine Coon. Ihr Kopf ist dreieckig, mit langer Nase und geradem Profil. Die Ohren sind in Verlängerung des länglichen Kopfes platziert, groß und spitz. Der äußere Eindruck dieser ebenso natürlich entstandenen Katze ist der eines „wilden und kräftigen" Tieres. Den Kontrast hierzu bietet ihr Charakter: Sie ist lebhaft, aber sanftmütig, intelligent, äußerst anhänglich und menschenbezogen.

Türkische Katzen

Der Türkisch Angora „gehört" inzwischen der Name „Angora" ganz allein. Sie ist jedoch keine Langhaar-Katze, sondern eine Halblanghaar mit mittelgroßem Körper und es gibt sie in fast allen Farben inklusive aller Varietäten mit weiß. Mit ihr verwandt ist die Türkisch Van, die es nur in einer bestimmten Fellzeichnung gibt. Farbe hat die ansonsten reinweiße Katze nur im Gesicht und am Schwanz, wobei die Farbe „Rot" am bekanntesten ist. Die Van-Katze hat überdies einen Hang zum Wasser und ist sehr gelehrig.

Birma

Die Birmakatze ist eine halblanghaarige Pointkatze mit einem mittelschweren, langen Körper und verhältnismäßig kurzen, aber kräftigen Beinen mit runden Pfoten. Die Fellzeichnung entspricht der der Siamesen, die Augen sind blau. Das besondere Merkmal dieser Rasse sind ihre vier weißen Pfoten. Birma sind lebhaft, kontaktfreudig und manchmal extrem auf „ihren" Menschen geprägt. Sie schmusen gern und brauchen viel Ansprache.

Rassekätzchen kaufen

Wenn Sie sich für eine Rassekatze entschieden haben, bekommen Sie diese nur beim Züchter. Sie sollte mindestens zwölf Wochen alt sein, da die kleinen Kätzchen bei der Abgabe entwurmt und geimpft sein müssen und das erst in einem bestimmten Alter möglich ist.

Eine gut geführte Zoofachhandlung bietet keine Hunde und Katzen an, sondern berät bei Zubehör und vermittelt Züchteradressen. Manche Züchter inserieren noch in einschlägigen Fachzeitschriften aber die meisten haben heutzutage eine Homepage und die Vermittlung geht über das Internet. ◼

Katzenrassen
FÜR FANS

Russisch Blau

Ein charmantes, leises, jedoch willensstarkes Geschöpf. Zu ausgeglichenen Menschen mit leiser Stimme fühlt sie sich hingezogen, Lärm und Wirbel mag sie gar nicht. Sie hat einen lang gestreckten, schlanken Körper und einen kurzen, keilförmigen Kopf mit weit auseinander liegenden, mandelförmigen Augen von lebhaftem, klarem Grün. Ihr typisches Merkmal ist das einzigartige doppelt dicke, silbergraue Fell.

Burma

Eine mittelgroße Katze mit eng anliegendem, feinem und sehr kurzem Fell ist die Burma. Sie hat ein überwältigendes Temperament, große Bewegungs- und Spielfreude und ist sehr stark auf den Menschen bezogen.

Abessinier

Zu den ältesten Katzenrassen gehört die Abessinier. Bis heute verkörpert sie das Schönheitsideal der eleganten, schmalen altägyptischen Katzengöttinnen. Ihr Fell ist dicht, kurz und fein. Das Besondere daran ist die Bänderung des einzelnen Haares (Ticking), weshalb sie früher auch „Hasenkatze" genannt wurde. Bei der normal- oder wildfarbenen Abessinier ist das

Haar an der Wurzel hell, in der Mitte braunorange und an den Spitzen schwarz. Es gibt sie aber auch in Rot, seltener in Blau, Fawn und den dazu passenden silbernen Varianten. Sie hat einen muskulösen, mittelgroßen und schlanken Körper. Die Abessinier ist eine sehr zutrauliche und anschmiegsame Katze, die großen Mut besitzt. Sie ist nicht nervös und macht von ihrer zarten Stimme nur selten Gebrauch. Die meisten Abys sind sehr geschickt. Alle sind begeisterte Kletterer, viele von ihnen können Türen öffnen. Es sind sehr lebhafte Katzen mit besonders ausgeprägtem Jagdtrieb.
Die Somalikatze ist die halblanghaarige Verwandte der Abessinierkatze. Alle Merkmale sind mit dieser Rasse identisch, bis auf das etwas längere Fell.

Rasselbande Abessinierkätzchen kommen schon als kleine Persönlichkeiten auf die Welt. Sie haben jede Menge Energie.

Ragdoll Freundlich und anhänglich ist die Ragdoll. Vom Äußeren her ist sie der Birma nicht unähnlich, auch die Ragdoll hat blaue Augen.

Ragdoll

Die liebevollen und freundlichen Ragdolls sind ihren Haltern zärtlich zugetan und möchten nicht gern allein sein. Neugierig laufen Sie ihm hinterher, wollen gern spielen und am Geschehen teilhaben. Ihr Körperbau und ihr Fell sind ähnlich wie die der Birmakatzen. Die Ragdoll, eine Züchtung aus den USA, gibt es in drei Fell-Zeichnungen: Colourpoint – die typische Siamzeichnung, Bicolor, die Tiere mit einem charakteristischen umgekehrten „V" im Gesicht, und Mitted, Tiere mit Maskenzeichnung und weißen Pfotenspitzen. Alle Ragdolls haben blaue Augen.

Rexkatzen

Rexkatzen tragen gewelltes oder lockiges Fell. Sie entstanden durch verschiedene natürliche Mutationen, also zufällige Veränderungen des Erbguts, die dann gezielt zur Rasse gezüchtet wurden. Man unterscheidet Devon-Rex, Cornish-Rex, German-Rex und Selkirk-Rex. Das Aussehen dieser Katzen ist gewöhnungsbedürftig, aber wer einmal eine dieser charmanten und extrem anhänglichen Rexkatzen erleben konnte, sieht sie mit ganz anderen Augen.

Ocicat und Egyptian Mau

Weitere Kurzhaarkatzen sind die Ocicat und die Egyptian Mau. Beides sind Katzen, die eine starke Tupfenzeichnung aufweisen und sehr temperamentvoll sein können. Es gibt sie in Europa noch relativ selten. ∎

Devon Rex Optisch sind Rex-Katzen nicht jedermanns Sache, doch schon so mancher ist dem Charme der Kobolde erlegen.

SO WIRD'S FÜR IHRE KATZE *gemütlich*

DER KRATZBAUM Damit Ihre Wohnungseinrichtung geschont wird, sollten Sie Ihr Kätzchen möglichst früh an den Gebrauch eines Kratzbaumes gewöhnen. Ihre Katze kann daran Nagelpflege betreiben, außerdem bietet er Klettermöglichkeiten sowie Ruhe- und Schlafplätze. Das Wichtigste bei einem Kratzbaum ist seine Standfestigkeit. Sollte er einmal umkippen, wird ihn die Katze nie wieder benutzen! Außerdem sollten Sie ihn nicht in die hinterste Ecke verbannen, sonst kann es passieren, dass sie doch lieber das Sofa benutzt, das mitten im Raum steht.

Der Schlafplatz

In vielen Katzenbüchern steht, dass Sie dem Kätzchen ein Körbchen mit Polster als Schlafplatz anbieten sollen. Keine meiner Katzen hat je solch einen Schlafplatz angenommen. Sie haben sich ihre Schlafstellen immer selbst ausgesucht. Für ein Kätzchen reicht am Anfang ein Karton, in den Sie ein Polster oder Kissen hineinlegen.

KRATZBAUM In diesem Film wird erklärt, welche Inneneinrichtung Kätzchen bevorzugen. Unter www.m.kosmos.de/13252/v3 gelangen Sie auch zum Film.

Fang mich doch! Auf dem kleinen Kratzbaum lässt es sich wunderbar spielen. Klettern, Kratzen, Liegen, was will man mehr?

Aussichtspunkt Von oben hat der kleine Norweger alles im Blick und kann beobachten, was um ihn herum geschieht.

Ein kleines Hüngerchen Nach Spielen und Toben schmeckt das Futter noch mal so gut. Schön, wenn schon alles bereit steht.

Erhöhte Liegestellen

Meine Katzen schlafen eigentlich nie auf dem Boden, sie mögen erhöhte Liege- und Schlafplätze. Eine Hängematte (z. B. im Kratzbaum integriert) hat den Vorteil, dass vor allem kleine Katzen nicht herausfallen können. Katzen haben ein Gespür für warme und zugfreie Plätze. Wenn möglich, bieten Sie Ihrer Katze an solch einer Stelle das Katzenbett an.

Die meisten Katzen ziehen wahrscheinlich Ihr Bett als Nachtlager vor. Solange es Ihnen nichts ausmacht, sehe ich darin kein Problem. Sollten Sie diese Gesellschaft im Bett ablehnen, bleibt Ihnen nur eine Möglichkeit: Machen Sie konsequent die Tür zu. Nach einer oder zwei Wochen hat das Kätzchen dann meist die Hausordnung akzeptiert.

Der Futterplatz

Empfehlenswert sind zwei Futternäpfe, einen für Nass- und einen für Trockenfutter, die standfest und funktionsgerecht flach sein und sich gut reinigen lassen sollen. Als Wassernapf nehmen Sie am besten eine große standfeste Schüssel. Der Futterplatz wird durch eine abwaschbare, nicht zu kleine Unterlage geschützt, denn die meisten Katzen neigen dazu, sich einen Brocken nach dem anderen aus ihrem Napf zu angeln und ihn daneben zu verzehren.

Die Katzentoilette

Von Natur aus sind Katzen äußerst reinlich, deshalb sind Katzentoilette, Katzenstreu und eine Schaufel ein absolutes Muss. Katzen lassen sich bei ihren „Geschäften" nur ungern zuschauen. Deshalb sollte die Toilette entweder ein Dach haben oder in einer ruhigen Ecke aufgestellt werden. Wichtig ist, dass der Platz für die Katze jederzeit und leicht zugänglich ist. Geben Sie mindestens 5 cm hoch Streu in die Katzentoilette, damit sie ihr Geschäft möglichst spurlos verscharren kann. Der Fachhandel bietet verschiedene Produkte an, sie müssen nur dasjenige finden, das Ihre Katze akzeptiert. Bleiben Sie dann dabei, denn ständiges Wechseln behagt der Katze nicht. Im Gegenteil: Dies ist der häufigste Grund für eine plötzliche Unsauberkeit. Klumpen bildende Streu hat den Vorteil, dass das Entfernen der gebrauchten Streu einfach und ohne viel Zeitaufwand täglich möglich ist. Bei regelmäßigem Gebrauch sollte die Katzentoilette mindestens einmal in der Woche komplett geleert und ausgewaschen werden.

EIN PLATZ AN
der Sonne

FÜR SONNENANBETER Katzen können stundenlang am Fenster sitzen und die Welt beobachten. Um ihnen das Vergnügen auch bei geöffnetem Fenster zu bieten, sollten Sie ein Draht- oder Fliegengitter vor dem Fenster anbringen oder einen vergitterten Fenstereinsatz bauen. Außerdem tut frische Luft der Katze gut. Sorgen Sie dafür, dass der Lieblingsplatz auf dem Fensterbrett für Ihren Vierbeiner reserviert bleibt. Der Fensterplatz kann für Ihre Katze noch gemütlicher werden, wenn Sie Teppichboden auf dem Fensterbrett auslegen.

Balkon mit Katzennetz

Falls Sie über einen Balkon verfügen, möchten Sie Ihrer Katze bestimmt auch das Vergnügen daran gönnen, aber bitte mit Katzennetz. Denn sonst geht sie irgendwann auf der Balkonbrüstung spazieren, und ihr Jagdtrieb veranlasst sie, einem Vogel oder Schmetterling hinterherzuspringen – ins Leere! Je nach Fallhöhe und Landeplatz können die Verletzungen schwer bis tödlich sein. Damit dies gar nicht erst passiert, sollten Sie Ihren Balkon mit einem Netz absichern. Einige

Der Ruf der Wildnis Auch für kleine Stubentiger ist der Garten schon ein willkommener Abenteuerspielplatz, den es zu erobern gilt.

Was ist denn das? Die Garten-bank muss erforscht werden.

Mit einem kräftigen Klimmzug hängt sie an der Armlehne …

bis sie endlich oben ist. Von hier sieht die Welt ganz anders aus.

Firmen haben sich darauf spezialisiert und bieten verschiedene Netze und Befestigungsmöglichkeiten an. Mit Netzen, Dübeln, Schrauben, Seil und Spanner gelingt es relativ leicht, eine Balkonsicherung anzubringen.

Der katzensichere Garten

Sie sind der glückliche Besitzer eines Gartens und möchten diese Freude auch mit Ihrer Katze teilen? Dann sollten Sie Ihren Garten katzensicher gestalten. Am leichtesten geht dies mit leichten Pfählen und einem Zaun aus Netz, z. B. einem Moskito- oder Vogelnetz, es gibt aber auch spezielle Katzennetze im Fachhandel. Die Höhe des Netzes sollte etwa 2 m betragen, die Stäbe werden in einem Abstand von 1,5 m eingegraben. Am Boden empfiehlt sich die Anbringung von 50 cm hohem Hasendraht, der ungefähr 10 cm tief eingegraben werden sollte. Da das Netz nicht sehr stabil ist, d. h. der Katze beim Klettern wenig Halt bietet, wird sie das Klettern bald lassen, da es keine Aussicht auf Erfolg hat.

RAUS LASSEN ODER NICHT?
Draußen streunen oder drinnen träumen? Diese Entscheidung sollten Sie von Anfang an fällen, denn hat sich die Katze an Freigang gewöhnt, wird eine reine Wohnungshaltung fast unmöglich. Sollte die Katze keine Freigängerin werden, lassen Sie sie konsequent in der Wohnung.

Freilauf

Obwohl es viel mehr Argumente für die Wohnungshaltung gibt, dürfen die meisten Katzen hinaus, wenn es irgendwie machbar ist. Warum das so ist, kann man leicht erklären: Katzen setzen ihre Wünsche zielstrebig und mit großer Beharrlichkeit durch. Und sie lieben es eben, draußen frei und unabhängig herumzustreifen. Allerdings sterben Streunerkatzen früh. Viele werden von Autos überfahren oder von Jägern getötet. Dazu kommen Tierfänger, Gifte, ungesicherte Wassertonnen, Diebstahl, Katzenkämpfe, Tierquäler, Krankheiten und Parasiten, und nicht zuletzt Hunde, die Katzen jagen. Sie alle gefährden das Leben der Katze.

Auf gute Nachbarschaft

Mit Nachbarn gibt es viel mehr Streitpunkte, als man denkt: Sie sperren Katzen manchmal unbeabsichtigt ein oder machen sie mit Leckereien abspenstig. Manche fühlen sich durch die Katzen gestört, weil diese in ihr Haus kommen, die eigene Katze verprügeln, deren Futter wegfressen, in die Sandkästen der Kinder oder in Blumen- oder Gemüsebeete machen, den Koi aus dem Teich angeln, Spuren auf dem Autodach hinterlassen oder die Gartenpolster voll haaren – Gründe genug, um sich den Freilauf noch einmal zu überlegen.

SO WIRD IHRE WOHNUNG
katzensicher

GEFAHREN BESEITIGEN Auch das Leben in der Wohnung, im Haus oder gesicherten Garten ist für ein Kätzchen nicht ohne Gefahren. Wie kleine Kinder erkunden sie neugierig und verspielt jeden Winkel und können meist nicht erkennen, was ihr Leben bedroht. Schauen Sie sich in Ihrer Wohnung, im Haus oder Garten um und beseitigen Sie alle genannten Gefahren.

Giftige Pflanzen

Katzen fressen Grünzeug, um ihre Verdauung zu unterstützen (siehe Seite 37) und das ist auch völlig in Ordnung. Allerdings kann es passieren, dass sie sich nicht nur am dafür vorgesehenen Katzengras vergreifen, sondern auch die ein oder andere Topf- oder Gartenpflanze anknabbern. Bei einigen ist es schade um die Pflanze, andere Pflanzen hingegen sind giftig, sodass die Katze zu Schaden kommen kann. Prüfen Sie, was auf Ihrer Fensterbank, im Balkonkasten oder in Ihrem Garten wächst und verbannen Sie giftige Pflanzen in ein Zimmer, zu dem Ihre Katze keinen Zugang hat, oder verschenken Sie Ihr unbekömmliches Grünzeug.

Haushaltsgeräte

Öffnungen und dunkle Höhlen üben magische Anziehungskräfte auf Katzen aus und so mancher Stubentiger ist schon unbemerkt in die offene Waschmaschine geklettert und hat es sich in

Dschungelfieber Kätzchen probieren alles aus, sinniges und unsinniges. Wenn Ihnen Ihre Pflanzen lieb und teuer sind …

So nicht! … sollten Sie Ihren kleinen Derwisch aus dem Farn pflücken und ihm klarmachen, dass er darin nichts zu suchen hat.

der darin verstauten Dreckwäsche gemütlich gemacht. Nicht lustig, wenn der Waschgang anläuft! Die wenigsten Katzen überleben einen 60 °C-Waschgang mit Waschmittel, Weichspüler und Schleuderprogramm. Auch Backöfen, Trockner, Geschirrspüler und Kamine sollten stets geschlossen gehalten bzw. vor Inbetriebnahme kontrolliert werden, ob das Kätzchen darin sitzt. Kabel sollten so verstaut werden, dass das Kätzchen nicht daran angeln oder hineinbeißen kann, heiße Herdplatten, Bügeleisen, Kerzen etc. sollten außer Reichweite von Katzenpfoten sein.

Gefährliche Deko

Manches erscheint einem nicht gefährlich: Wer denkt schon über eine Tischdecke nach? Erst, wenn das Katzenkind daran herumschaukelt und mitsamt der Tischdecke das Kaffeeservice herunterzieht, fallen die Risiken ins Auge. Das Gleiche gilt für Lametta und Christbaumkugeln. Kleinteile wie Perlen, Schrauben, Nadeln, Nägel etc. können verschluckt werden, Haushaltsreiniger, Medikamente, Pflanzendünger und sonstige Chemikalien sollten nicht in Katzenpfoten und -mäulchen geraten. Auch Plastiktüten können

Kaffeeklatsch Aber bitte ohne Katze. Scheuchen Sie den Stubentiger vom Tisch, auch zu seiner eigenen Sicherheit.

zur Falle werden, wenn die Kätzchen hineinkriechen, darin spielen und sich dann nicht mehr befreien können. Hier besteht Erstickungsgefahr.

Vorsicht, tödliche Falle!

Zur tödlichen Falle wurde schon so manches Kippfenster. Die Katze klettert zum Spalt hoch, rutscht mit den Hinterbeinen am glatten Rahmen ab und fällt mit dem Bauch oder dem Hals in den Fensterwinkel. Schieben Sie dem einen Riegel vor, indem Sie eine seitliche Kippfenster-Schutzvorrichtung anbringen, die im Zoofachhandel erhältlich ist. Einfacher geht es aber mit Haken und Öse, mit denen Sie das Kippfenster nur so weit geöffnet lassen, dass keine Katze dazwischen passt. ■

VORSICHT VOR GIFTIGEN PFLANZEN!

Wild- und Gartenpflanzen				Zimmerpflanzen
Aronstab	Farne	Küchenschelle	Pfaffenhütchen	Christusdorn
Buchsbaum	Fingerhut	Leberblümchen	Seidelbast	Dieffenbachie
Buschwindröschen	Glyzinie	Lebensbaum (Thuja)	Tollkirsche	Korallenbeere
Christrose	Goldregen	Liguster	Wacholder	Stechpalme
Efeu	Herbstzeitlose	Märzenbecher	Waldmeister	Weihnachtskaktus
Eibe	Herkuleskraut	Maiglöckchen	Wolfsmilch	Weihnachtsstern
Eisenhut	Krokus	Oleander	Wurmfarn	Wüstenrose

WILLKOMMEN
IM *neuen Zuhause!*

VORBEREITUNGEN Entscheiden Sie schon vor dem Einzug über Fress- und Toilettenplatz. Denn Katzen sind Gewohnheitstiere und lassen sich später oft nicht mehr so leicht an andere Plätze gewöhnen. Erst, wenn alles an Ort und Stelle steht und Sie sämtliche Vorbereitungen abgeschlossen haben, holen Sie das Kätzchen zu sich.

Der richtige Zeitpunkt

Festtage wie Weihnachten sind als Zeitpunkt für das Eingewöhnen eines neuen Mitbewohners eher ungünstig, denn man hat an solchen Tagen kaum Zeit und Geduld, um sich mit dem Neuankömmling zu beschäftigen. Günstiger ist ein Wochenende oder wenn Sie Urlaub haben, und sich ganz dem Kätzchen widmen können. So hat es Zeit, sich an die neue Umgebung und den neuen Menschen zu gewöhnen.

Das Kätzchen abholen

Der große Tag ist gekommen, und Sie können Ihr Kätzchen abholen. Setzen Sie es in die Transportbox und lassen Sie es bitte darin, bis es in seinem neuen Heim angekommen ist – sollte es in seinem „Gefängnis" auch noch so toben oder klagend miauen. Viele Züchter geben Ihnen etwas der bisher verwendeten Katzenstreu und Futter für die ersten paar Tage mit.

Transportbox Es gibt Boxen aus Kunststoff oder aus flexiblen Nylon. Wichtig ist, dass die Katze sicher transportiert wird.

Stilles Örtchen Schon das kleinste Kätzchen findet den Weg zum Katzenklo. Zeigen Sie ihm anfangs, wo das Kistchen steht.

Kaltes Buffet Feuchtfutter oder Trockenfutter? Bei diesem Angebot fällt die Auswahl schwer. Vielleicht von allem probieren?

Hochheben Eine Hand unter die Brust, die andere stützt das Hinterteil. Oben angelangt, kann sie sich auf dem Arm abstützen.

Katze aus der Box

Kommt man mit dem Kätzchen in das neue Zuhause, stellt man die Transportbox am besten mitten ins Zimmer, öffnet die Tür und bietet dem Kätzchen die Möglichkeit, selbst aus der Box herauszukommen. Erfreuen Sie sich daran, wie es seinen neuen Lebensbereich in Besitz nimmt. Manche erkunden sofort mutig ihr neues Zuhause, andere sind eher ängstlich. Nach einer gewissen Zeit setzt man das Kätzchen in seine Katzentoilette. Wiederholen Sie dies noch zwei-, dreimal. Ich bin jedes Mal selbst erstaunt darüber, wie schnell ein so junges Tier sich den Platz dafür merken kann und ihn auch für seine „Geschäfte" aufsucht.

Guten Appetit!

Bald wird es auch Hunger bekommen. Die Ernährung ist ganz einfach: Geben Sie ihm das, was es gewöhnt war. Es benötigt allerdings mehrere Mahlzeiten am Tag. Sie können das Futter ruhig einige Zeit stehen lassen. Da sich Katzen normalerweise nicht überfressen, kommen sie öfter an ihre Futterstelle und nehmen mehrmals am Tag kleine Portionen zu sich.

Die ersten Tage

In den ersten Tagen werden meist die Weichen für das künftige Mensch-Katze-Verhältnis gestellt. Mit viel Geduld und Liebe können Sie die Eingewöhnungszeit angenehm für Ihre Katze gestalten. Da Katzen von Natur aus neugierige Wesen sind, klappt die Umstellung oft am schnellsten, wenn man sich viel mit dem neuen Mitbewohner beschäftigt, mit ihm spielt, ihn streichelt oder, wenn er das alles nicht will, ihn einfach in Ruhe lässt.

Hochheben und Tragen

Zum Hochheben fasst man mit einer Hand unter den Körper hinter die Vorderpfoten, die andere Hand stützt das Hinterteil. So ruht das Körpergewicht der Katze sicher auf dem gebeugten Unterarm, und sie schmiegt sich meist gern in die Armbeuge.

ES FRISST NICHTS?
Es kann vorkommen, dass das Kätzchen in den ersten paar Tagen, bedingt durch die Umstellung, keinen großen Appetit hat. Warten Sie einfach ab und füttern Sie es nicht mit Leckereien. Der Hunger kommt von allein. ■

JETZT BIST DU
die Mama!

❶ *Schön, wenn du zu Hause bist*

Denn allein sollte dein Kätzchen jetzt nicht bleiben müssen. Es war doch gerade noch bei seiner Mama und den Geschwistern und die werden ihm ein wenig fehlen. Deshalb bist du jetzt sein Spielkamerad und musst dich um das Kätzchen kümmern.

❷ *Deine Freunde sollen warten*

Sicher sind deine Freunde schon ganz scharf darauf, dein Kätzchen kennenzulernen. Und du willst es auch zeigen. Doch warte noch ein paar Tage, damit das kleine Tier durch die ungewohnten Menschen nicht verschreckt wird. Es würde sich nur verstecken und keiner hätte etwas davon.

Setz dich und warte einfach ab ❸

Lauf deinem Kätzchen nie hinterher! Es bekommt sonst Angst und versteckt sich vor dir. Und Angst ist kein toller Start für eine gute Freundschaft.

Das ist ein Geheimnis, das Kinder kaum verstehen können, doch probiere es einfach mal aus: Je weniger du hinter deinem Kätzchen her bist, es auch nicht festhältst oder hochzuheben versuchst, desto früher liegt es auf deinem Schoß, schnurrt dort und schläft.

Schlepp deine Katze nicht herum ❹

Lass sie laufen, statt sie herumzuschleppen. Wenn du ein Spielzeug an einer Schnur hinter dir herziehst, wird sie dir folgen. Wenn du sie auf den Arm nimmst, greifst du mit einer Hand unter den Brustkorb (hinter den Vorderpfoten), mit der anderen stützt du den Po ab. Du kannst auch ihre Vorderbeine über deine Schulter legen und sie am Po halten. So tut ihr nichts weh.

Ein Namen für dein Kätzchen ❺

Das kleine Kätzchen soll natürlich auch einen Namen bekommen. Sag ihn immer wieder, während du die Katze streichelst, mit ihr spielst, ihr eine Leckerei anbietest. Benutze den Namen nur liebevoll. Zum Schimpfen solltest du ihn nicht verwenden. Sie hören am besten auf zweisilbige Namen mit einem „i" in jeder Silbe, wie zum Beispiel Lili.

Kätzchen optimal
VERSORGEN

MEIN PFLEGEPLAN

S. 34

Katzenmenü

Katzen füttern ist nicht schwer, denn die Futtermittelindustrie stellt ein breites Angebot an Feucht- und Trockenfutter zur Verfügung. In dem Futter sind bereits alle nötigen Inhaltsstoffe enthalten. Dazu bekommt das Kätzchen täglich frisches Wasser.

S. 36

Gras BRAUCHT DAS KÄTZCHEN FÜR DIE VERAUUNG. BIETEN SIE IHM WELCHES AN.

S. 36

Ein paar Handgriffe

Täglich Feuchtfutterreste nach eins, zwei Stunden entfernen, Wasser- und Futternapf mit heißem Wasser gründlich reinigen und neu befüllen. Zweimal am Tag Kot und klumpende Streu aus der Toilette entfernen.

Wöchentlich Entfernen Sie die komplette Streu und schrubben Sie das Katzenklo mit heißem Wasser und mildem Reinigungsmittel. Nach dem Trocknen wird die Toilette mit frischer Streu (mindestens 5 cm hoch) gefüllt (siehe auch Katzentoilette Seite 21).

S. 40

Kätzchenpflege

Augen auswischen, Ohren kontrollieren und falls nötig Sekret und Verschmutzungen mit einem feuchten Tuch entfernen. Sehen Sie sich Zähne, Po, Haut und Krallen an, ob alles in Ordnung ist. Langhaar- und Halblanghaarkatzen müssen täglich gebürstet werden.

S. 44

Urlaub

Kätzchen verreisen nicht gern, sie bevorzugen einen gemütlichen Urlaub in den eigenen vier Wänden. Bevor Sie verreisen, sollten Sie nach einer Urlaubsbetreuung für Ihre Katze suchen. Vielleicht haben Verwandte oder Bekannte Lust, nach ihr zu sehen oder Sie fragen einen Catsitter. Fragen Sie an Ihrem Urlaubsort nach, ob Katzen erlaubt sind, falls die Katze doch mit soll. Und vergessen Sie nicht, rechtzeitig die Impfbestimmungen im Ausland zu erfragen.

S. 50

Doch mal krank?

Kätzchen frisst nicht? Katze soll geimpft und Kater kastriert werden? Dann sollte man zum Tierarzt gehen, am besten zu einem, der sich auf Kleintiere spezialisiert hat.

KÄTZCHEN RICHTIG *füttern*

FERTIGNAHRUNG Das reichhaltige Angebot an Fertignahrung macht es dem Halter leicht, eine Katze gesund zu ernähren und sogar altersgerecht mit den nötigen Nährstoffen zu versorgen. Am einfachsten ist es daher, die speziell für junge Katzen hergestellte Fertignahrung zu geben. Füttern Sie immer zur selben Zeit. Dann lernt es sehr schnell, sich auf diesen Zeitpunkt einzustellen und verlangt dann von selbst nach seinem Futter. Sie müssen kein Ernährungsexperte in Sachen Inhaltsstoffe werden, sondern können sich darauf verlassen, dass Ihr Kätzchen alles bekommt, was es braucht. Gerade im Wachstum benötigt der kleine Körper viel Calcium und einige andere Stoffe, die schon in optimaler Zusammensetzung im Junior-Futter enthalten sind.

Lieblingsfutter fürs Leben

Am besten füttern Sie deshalb Vollnahrung als Dosen- oder Trockenfutter. Beides enthält eine Mischung aus Fleisch (Muskelfleisch, Herz, Leber und Lunge). Dazu kommt ein kleinerer Anteil Getreide wie Reis, Mais, Gerste und Weizen. Ferner enthält es Gemüse, Vitamine und Mineralien. Dem Trockenfutter ist nur das Wasser bis auf etwa 10 bis 15 % entzogen worden.

Trockenfutter

Das trockene hat gegenüber dem feuchten Futter zwei große Vorteile. Erstens ist es gut für die Zahnpflege: Es hilft durch seine Härte, den Kau-

WIE VIEL FUTTER BRAUCHT DIE KATZ'?

Alter des Kätzchens	Körpergewicht in kg	Mahlzeiten pro Tag	Täglicher Bedarf an Dosenvollnahrung
2 – 4 Monate	0,8 – 1,6	4 – 5	190 – 300 g
4 – 5 Monate	1,6 – 2,0	3 – 4	280 – 300 g
5 – 6 Monate	2,0 – 2,5	2 – 3	230 – 280 g
6 – 8 Monate	2,5 – 3,5	2	230 – 330 g
ab 8 Monate	4,0 – 4,5	2	300 – 330 g

Hmh, lecker! Die beiden stürzen sich aufs Feuchtfutter, denn mit Konkurrenz schmeckt es besser. Wer mäkelt, bekommt nichts ab.

apparat zu kräftigen, weil es die Katze zwingt, richtig zu kauen. Dadurch bleiben die Zähne sauberer als beim Feuchtfutter. Zweitens ist es immer verfügbar: Vor allem in den Sommermonaten ist Trockenfutter hygienischer. Es kann über den Tag stehen bleiben, ohne zu riechen, zu verderben oder dicke Fliegen anzulocken.

Paté oder Gelée?

Alle Vorschläge zur richtigen Katzenernährung sind gut, wenn die Katze das Angebotene auch frisst. Es gibt jedoch eine Menge Feinschmecker unter ihnen. Sollte die Katze nicht fressen, bietet man ihr eine andere Marke oder Geschmacksrichtung an (von Huhn bis Shrimps ist fast alles da). Man kann auch eine andere Zubereitungsform (Gelee, Pastete, Stücke mit Soße, etc.) probieren oder eher probieren lassen. Gibt man Vollnahrung, kann man auf Hefe-, Vitamin- oder Gemüseflocken verzichten. Da meine Katzen diese aber so gern mögen, streue ich ein bisschen davon übers Futter …

À la carte für die Katze?

Die Alternative zum Fertigfutter wäre Selbstgekochtes. Doch gehen beim Kochen wichtige Vitamine verloren, ganz zu schweigen vom Arbeitsaufwand. Wenn Sie sich trotzdem die Mühe machen wollen, informieren Sie sich ausführlich in entsprechender Spezialliteratur.

Frisches Fleisch

Fleisch kann ab und zu auch neben Fertigfutter verabreicht werden. Für die Katze ist es wichtig, Gebiss und Kauapparat beim Verzehr größerer Fleischbrocken zu benutzen. Wegen der Aujeszkyschen Krankheit, die durch rohes Schweinefleisch übertragen wird und für Katzen tödlich ist, sollte Fleisch, auch Rind- und Kalbfleisch und deren Innereien nur gekocht verfüttert werden. Allein beim Geruch von frischem Fleisch sind manche Katzen kaum noch zu halten vor Gier. Kochen Sie die Brocken gut durch. Auch Fisch oder Ei sollten Sie nicht roh füttern!

Kulinarisches
FÜR KATZEN

ZIMMERWARM SCHMECKT'S Das Futter sollte Zimmertemperatur haben und nicht direkt aus dem Kühlschrank kommen. Zu kaltes Futter bekommt dem Magen der Katze nicht und wird auch meist abgelehnt. Entweder nehmen Sie die schon offene Dose rechtzeitig aus der Kühlung oder Sie kaufen gleich Schälchen, Beutel oder kleine Dosen, so dass keine Reste entstehen.

Wann sie genug hat

Eine Katze soll satt, aber nicht dick werden. Wie viel Sie pro Mahlzeit anbieten sollten, finden Sie zumeist auf der Verpackung. Dort stehen die Mengenangaben für eine Hauskatze mit einem Gewicht von vier Kilo. Einen groben Richtwert für die Futtermenge finden Sie auch auf Seite 34.

Langsam und genussvoll

Katzen nehmen sich viel Zeit zum Fressen. Sie schlingen keine dicken Brocken hinunter, sondern kauen langsam und genüsslich. Sie rennen sogar zwischendurch davon, als wäre ihnen etwas Dringendes eingefallen, nur um kurz darauf wieder aufzutauchen, um weiter zu fressen. Lassen Sie den Napf daher noch ein bisschen stehen. Die Nahrung muss immer frisch sein. Im Winter ist das kein Problem, selbst wenn man es zwei Stunden stehen lässt. Im Sommer dagegen vermehren sich in dieser Zeit nur allzu schnell Bakterien und Fliegen können ihre Eier ablegen, so dass ich nach spätestens einer Stunde alle Reste entferne. Tagsüber biete ich meinen Katzen Trockenfutter an.

Frisches Wasser Wasser ist das Getränk für Katzen, auch wenn es nicht immer zu schmecken scheint.

Plitsch platsch, Pfoten nass! Ist der Durst gestillt, eignet sich die Schüssel auch für lustige Angel- und Wasserspiele.

Für Leckermäuler Joghurt, Quark und Dickmilch enthalten Kalzium und Eiweiß. Außerdem schmeckt es den Kätzchen!

Herzhaftes Grünzeug Katzengras hilft der Verdauung und wird von Katzen gern angenommen. Oft wird es biologisch angebaut.

Frisches Wasser

Eine Katze kann erstaunlich lange ohne Nahrung überleben. Ohne Wasser dagegen nur wenige Tage. Draußen trinken Katzen gern aus Pfützen. In der Wohnung mögen meine Katzen das Wasser aus dem Zimmerbrunnen oder das Regenwasser aus einem Topf auf dem Balkon, frisches Wasser fast nie. Dennoch steht immer eine Schüssel mit frischem Wasser neben dem Futter.

Keine Milch

Milch taugt weder als Getränk, noch als Nahrungsmittel für Katzen. Viele bekommen von Milch und Sahne Durchfall, da sie den Milchzucker (die Laktose) nicht vertragen. Andererseits enthalten gerade Milchprodukte wertvolles Eiweiß und Kalzium. Um es der Katze zukommen zu lassen, ist es besser, vergorene Milchprodukte wie Joghurt, Quark, Dickmilch oder Hüttenkäse zu verfüttern. Meine Katzen etwa lieben Quark über alles. Seit einigen Jahren gibt es eine spezielle Katzenmilch im Zoofachhandel als Ersatz für Kuhmilch.

Grünzeug für die Katz'

Katzen knabbern gelegentlich an Zimmerpflanzen oder an Grasbüscheln im Garten herum. Sie tun das deshalb, weil ihnen das Gras als Verdauungshilfe dient. Normalerweise brauchen Katzen zur Verdauung keine zusätzliche Unterstützung. Doch aus den losen Haaren, die sie bei der Fellpflege aufnehmen und verschlucken, können sich im Magen Haarballen bilden, die dann zu Verdauungsstörungen führen. Das Gras reizt die Magenschleimhaut und löst dadurch Erbrechen aus. So wird sie die unverdaulichen Haare wieder los. Draußen-Katzen benötigen kein Katzengras. Den reinen Wohnungskatzen sollte man das „Grasknabbern" ermöglichen. Katzengras gibt es im Fachhandel als Töpfchen oder Keimschale; außerdem wird auch eine Verdauungshilfe in Form einer Paste angeboten. ■

FÜTTERUNG In diesem Film wird erklärt, was Kätzchen gern fressen. Unter www.m.kosmos.de/13252/v4 gelangen Sie auch zum Film.

Selbstgekochtes
FÜR DIE KATZ

Sonntagsmenü Frisch gekochtes Hühnchen ist ein ganz besonderer Leckerbissen. Da heißt es: abtauchen und genießen!

Es ist angerichtet Mein Mensch war fleißig und hat mir etwas Schönes gekocht. Das schmeckt, besser als jedes Dosenfutter.

Mäulchen geleckt Das war ganz besonders lecker. Vielleicht gibt es morgen frischen Fisch?

Ernährung im Wachstum

Eine hochwertige Nahrung auf der Basis tierischen Eiweißes liefert die Proteine, Vitamine und Aufbaustoffe. Für die Wachstumsförderung und Knochenbildung ist Kalzium ein äußerst wichtiger Faktor. Bei reiner Fleischfütterung fehlt dieses Kalzium, und die Kalziumreserve der Knochen wird abgebaut, was zu Knochenschwäche und Brüchen der Gliedmaßen- und Wirbelknochen führen kann. Die richtige und ausgewogene Nahrung für Katzen selbst zusammenzustellen ist deshalb keine leichte Aufgabe.

Katzenkinderbrei

Viele junge Katzen mögen den folgenden Brei:

75 ml warme Katzenmilch
1 EL 7-Korn-Flocken
      zusammen gut verquirlen und abkühlen
      lassen
1 EL 20 % oder 40 % Quark daruntermischen.

Je nach Vorliebe des Kätzchens kann man in den Brei gekochtes und püriertes Hühnchen- oder Kalbfleisch mischen. Einfacher geht es mit schon vorgefertigtem Babymenü aus dem Gläschen. Die gibt es in vielen verschiedenen Geschmacksrichtungen mit und ohne Gemüse. Auch hier heißt es wieder – ausprobieren, was dem Stubentiger am allerbesten schmeckt.

Hühnchen für Jungtiere

      Tagesration
80 g gekochtes Hühnchenfleisch
20 g geschmorte Tomaten
10 g 40% Sahnequark
5 g Sonnenblumenöl
      Ergänzung der Vitamine und Mineralien
      mit z. B. Catfortan

Alles gut miteinander verrühren und dem Kätzchen anbieten.

Für erwachsene Katzen

75 g gekochtes Hühnchenfleisch
10 g gebratene Hühnerleber
25 g gekochte Möhren
5 g gekochte Haferflocken (oder ungekochte
      Schmelzflocken)
5 g Sonnenblumenöl
      Ergänzung der Vitamine und Mineralien
      mit z. B. Catfortan

Alles gut zusammenmischen, etwas heißes Wasser darübergeben und gut umrühren, evtl. Hefeflocken darüberstreuen.
Einmal in der Woche sollte man der Katze Fisch anbieten, so kann man das Hühnchenfleisch mit gekochtem Seelachsfilet (Tiefkühlware), oder Thunfisch aus der Dose ersetzen. Guten Appetit! ■

Wellness
FÜR WIDERSPENSTIGE

AUS DEM AUGENWINKEL Gelegentlich bleibt etwas Sekret im Augenwinkel hängen, das man leicht mit einem sauberen Papiertaschentuch entfernen kann. Bei manchen Perserkatzen ist allerdings die Tränenabsonderung so stark, dass man die Augen täglich reinigen muss. Ist das Sekret im Fell angetrocknet, verwendet man am besten ein mit warmem Wasser oder milder Augenpflegetinktur angefeuchtetes Wattestäbchen.

Katzenwäsche Katzen sind sehr reinliche Tiere und verbringen viel Zeit mit der Körperpflege. Alles wird gründlich beleckt.

Ohrenkontrolle

Die Pflege des Ohrs ist für die Katze selbst nicht möglich. Wenn man eine Verschmutzung durch Ohrschmalz festgestellt hat, wird das äußere Ohr – so weit man hineinsehen kann – vorsichtig mit einem Wattestäbchen oder einem Papiertaschentuch gesäubert. Beim Wattestäbchen muss man aufpassen, dass man nicht ins Innenohr gelangt. Sollten Sie stärkere Verschmutzungen feststellen, etwa schwarzbraune Krusten, könnte es sich um Ohrmilben handeln, und der Tierarzt muss zu Rate gezogen werden.

Krallen kürzen

Lassen Sie sich das Krallenschneiden vom Tierarzt zeigen. Beim Springen, Klettern und Toben werden die Krallen auf natürliche Weise abgenutzt, deshalb ist ihre Pflege besonders bei jungen Katzen meist nicht notwendig. Zum Schärfen der Krallen ist ein Kratzbrett oder Kratzbaum hervorragend geeignet. Wenn Sie merken, dass Ihre Katze beim Laufen im Teppich hängen bleibt, können Sie die Krallen der Vorderpfoten kürzen. Mit einer Spezialzange wird dabei vorsichtig der vordere, nicht durchblutete Teil der Kralle abgeknipst.

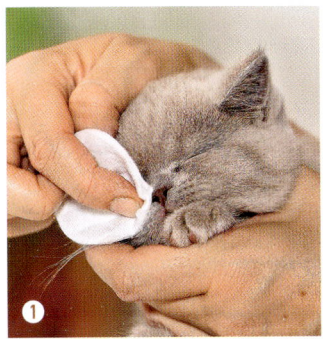

Der "Schlaf" wird vorsichtig aus den Augenwinkeln gewischt.

Das Ohrensekret wird mit einem feuchten Pad entfernt.

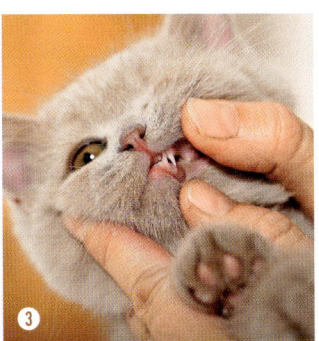

Zum Schluss erfolgt die Zahnkontrolle. Die Zähne sind schön weiß.

Zähne kontrollieren

Zahnfleischentzündungen und Zahnsteinbefall nehmen durch die vermehrte Wohnungshaltung und der damit verbundenen Verabreichung von Dosenfutter zu. Kontrollieren Sie von Zeit zu Zeit das Gebiss und das Zahnfleisch Ihrer Katze. Zahnstein lassen Sie vom Tierarzt entfernen.

Po säubern

Das Hinterteil hält sich eine Katze selbst sauber. Juckt es, rutscht sie auf dem Po oder kratzt sich dort: Dann kann die Analdrüse verstopft sein oder es kann auf Würmer hindeuten. Das wird der Tierarzt feststellen. Bei Perserkatzen kann es durch die langen Haare vorkommen, dass etwas Kot hängen bleibt. Lassen Sie die Verschmutzung antrocknen, danach kann sie mit Puder und Kamm leicht entfernt werden. Bei stärkerer Verschmutzung muss die Partie mit mildem Shampoo und lauwarmem Wasser gewaschen werden.

PFLEGE In diesem Film wird erklärt, wie Sie das Kätzchen richtig pflegen. Unter www.m.kosmos. de/13252/v5 gelangen Sie zu den gleichen Infos.

Fell durchsehen

Kratzt sich die Katze, könnte sie Flöhe, Haarlinge, Milben oder einen Pilzbefall haben. Sehen Sie das Fell regelmäßig gut durch, schauen Sie sich auch die Haut an. Sieht etwas entzündet aus, oder gehört nicht ins Fell, wie schwarze Pünktchen, Verkrustungen, Krabbeltiere etc., gehen Sie zum Arzt mit ihr. Schmutz oder Kletten, Tannennadeln oder Laub entfernen Sie mit Kamm und Bürste, notfalls mit einem reinigenden Bad, doch das ist bei Wohnungskatzen meist nicht nötig.

VON WEGEN KATZENWÄSCHE

Die meisten Katzen hassen Wasser. Aus medizinischen oder Schönheitsgründen (Katzenausstellung) ist ein Bad manchmal nötig. Es ist nicht einfach, eine Katze zu baden, sie sollten auf jeden Fall einen Helfer haben. Legen Sie eine Gummimatte in die Wanne und füllen warmes Wasser (ca. 30°C) etwa 10 cm hoch ein. Katze hineinstellen, festhalten und von Kopf bis Schwanz vorsichtig nass machen, mit einem milden Spezialshampoo einschäumen und sorgfältig ausspülen. Achten Sie darauf, dass kein Schaum oder Wasser in Augen, Nase und Ohren eindringt. Die Katze in ein bereitgelegtes Frotteetuch wickeln, gut trocknen oder föhnen. Anschließend darf die Katze mindestens einen Tag nicht ins Freie und sollte vor Zugluft geschützt werden. ■

Fellpflege MIT KAMM UND BÜRSTE

KATZEN SIND SEHR REINLICH Sie widmen ihrer Körperpflege viel Zeit. Gesunde Kätzchen beginnen sogar schon im Alter von zwei bis drei Wochen, sich mit den Hinterpfoten am Kopf zu kratzen und ihr Fell zu putzen. Wenn die Mutter sie sauber leckt, beginnen sie zu schnurren.

Dem Filz vorbeugen

Von der Fellpflege sind Langhaar-Katzen mit ihrer dichten und leicht filzenden Unterwolle nicht so sehr begeistert. Es ziept und zerrt, wenn der Kamm an einem Haarknoten hängen bleibt.

Gewöhnen Sie deshalb Ihr Kätzchen frühzeitig an Kamm und Bürste, belohnen Sie es mit Spiel und kleinen Leckereien und es wird sich gern bei der Körperpflege unterstützen lassen. Der lange, weiche und sehr dichte Pelz der Perserkatze muss täglich gepflegt werden. Versäumt man dies einige Tage, kann das Fell hoffnungslos verfilzen, und man muss die Knoten mit der Schere herausschneiden. Zum Kämmen braucht man zwei spezielle Stahlkämme mit oben abgerundeten Zinken, einen groben und einen feinen. Wichtig ist, dass man die Haare lagenweise von unten nach oben bis auf den Grund durchkämmt.

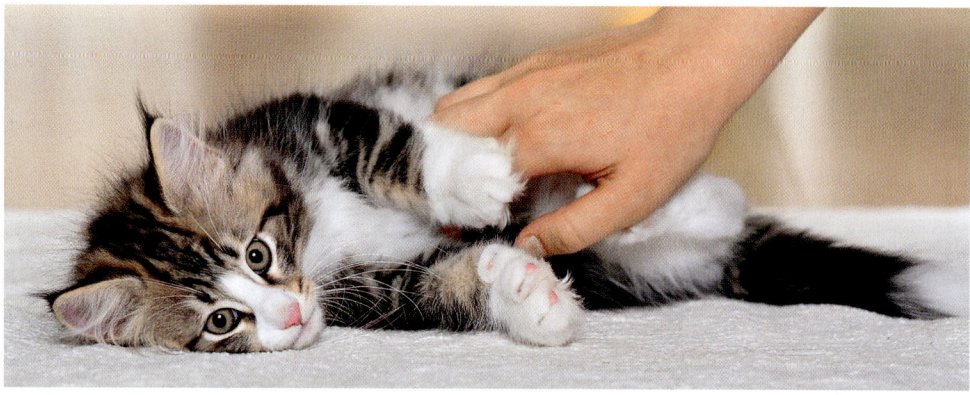

Bauch kraulen Das gefällt dem Kätzchen, so dass es laut schnurrt. Berühren Sie das Kätzchen oft, damit es lernt, sich anfassen zu lassen.

KÄMMEN FÜR ANFÄNGER
1. Huch! Was ist denn das für ein Ding?
2. Zeig mal Kann man damit spielen?
3. Lass gut sein Das macht keinen Spaß!

Kleine Tricks

Nicht vergessen darf man Brust, Bauch und die
Innenseite der Schenkel, wozu man die Katze
an den Vorderbeinen hochhebt. Leichte Verschmutzungen erst antrocknen lassen und dann
mit Puder und Kamm entfernen. Stärkere Verschmutzung: Waschen Sie die Stelle mit mildem
Shampoo und lauwarmem Wasser, am besten im
Waschbecken. Einen so genannten Fettschwanz
(bei unkastrierten Katern) bekämpfen Sie, indem
Sie Mais- oder Kartoffelmehl regelmäßig ins Fell
massieren, einige Zeit einwirken lassen und dann
sorgfältig ausbürsten.

Duftig und locker

Ab und zu können Sie Ihre Perserkatze mit einem
Spezialpuder auch am ganzen Körper behandeln.
Sie streuen ihn gegen den Strich in das aufge-
lockerte Fell, lassen ihn am besten über Nacht einwirken und kämmen ihn am nächsten Tag sorgfältig aus. Sie werden sehen, Sie haben danach
nicht nur eine „duftige" Katze, sondern auch viel
weniger Arbeit bei der täglichen Fellpflege.

Halblanges Fell

Die Halblanghaarkatzen sind relativ pflegeleicht.
Regelmäßiges Durchkämmen sollte trotzdem
zur täglichen Pflichtübung gehören. Mit einem
Kamm, der längere und kürzere Zinken haben
sollte, kämmt man, vom Haaransatz zur Spitze,
Oberfell und Unterfell gleichmäßig durch. Üben
Sie das tägliche Prozedere mit dem Kätzchen
und belohnen Sie es, wenn es still hält.

Schönes, kurzes Fell

Die tägliche Pflege einer Kurzhaarkatze ist wenig
aufwendig, man kann sie ganz gut mit Streicheleinheiten verbinden. Eine kräftige Massage mit
der Hand nimmt das tote Haar weg und fördert
die Durchblutung der Haut, was für schönes und
gesundes Haar wichtig ist. Eine Bürste, evtl. mit
Gumminoppen, kann man zur Unterstützung einsetzen, denn vor allem beim Haarwechsel sollte
man regelmäßig bürsten.
Nach dem Bürsten und Kämmen glättet man mit
einem Fensterleder oder feuchten Tuch das Fell,
die restlichen Haare bleiben hängen, das Fell liegt
eng und fest am Körper an und bekommt einen
herrlichen Glanz. Gekämmt, gebürstet und geglät-
tet wird immer in Wuchsrichtung des Haares. ■

KLEINER RATGEBER
für den Urlaub

KEIN FERNWEH Katzen sind von Natur aus nur wenig reisefreudig. Machen Sie sich deshalb rechtzeitig Gedanken darüber, wie Ihre Katze während Ihres Urlaubs versorgt wird, am besten schon, bevor das Kätzchen bei Ihnen einzieht.

Ein Wochenende kann man schon mal eine, am besten natürlich zwei Katzen, allein in der Wohnung lassen. Es gibt Futterautomaten, die sich per Zeitschaltuhr einstellen lassen, sodass die Katze pünktlich mit Futter versorgt wird.

Urlaub? Nein danke! Katzen bleiben lieber in ihren eigenen vier Wänden und können auf Urlaub verzichten. Wie wäre es mit Balkonien?

Mein Pass Katzen, die ins Ausland reisen, brauchen einen Heimtierausweis, in dem alle Impfungen eingetragen sind.

Zu Hause

Am besten und liebsten bleibt sie in ihrer gewohnten Umgebung. Optimal ist es, eine zuverlässige Person mit der Betreuung zu beauftragen. Diese füttert die Katze zweimal täglich und reinigt die Katzentoilette. Ein zusätzliches „Gespräch", ein kleines Spiel und ein paar Streicheleinheiten tragen wesentlich zum Wohlbefinden der Katze bei. Übrigens gilt auch hier: Zwei Katzen fühlen sich nicht so einsam wie eine.

Bei Freunden

Vielleicht haben Freunde oder Verwandte Ihr Kätzchen ins Herz geschlossen und nehmen das pflegeleichte Wesen für die Zeit des Urlaubs zu sich nach Hause. Sollte dies der Fall sein, sollten Sie das Tier schon vor der Urlaubszeit einige Male in sein Feriendomizil mitnehmen, damit es sich nicht ganz so fremd fühlt. Futternäpfe, Katzentoilette, Streu, Kuschelhöhle und Spielzeug gehören mit ins „Gepäck" und die Adresse und Telefonnummer des Tierarztes auch nicht vergessen. Natürlich sollte genügend Futter für die Pensionszeit gekauft werden.

Mitnehmen

Eine weitere Lösung wäre, dass Sie Ihre Katze mit in den Urlaub nehmen. Bei Ferien in Hotel, Ferienwohnung oder Campingplatz fragen Sie bitte vorher an, ob Katzen willkommen sind. Verreisen Sie ins Ausland, erkundigen Sie sich vorher nach den Einreisebestimmungen des jeweiligen Urlaubslandes (Reisebüro, Tierarzt, ADAC, Konsulate).

Catsitter und Katzenhotel

Für eine Notlösung halte ich die Unterbringung in einer Tierpension. Für solch ein sensibles Tier wie eine Katze bedeutet das erheblichen Stress. Wer keine katzenfreundlichen Bekannten hat, kann Kontakt zu so genannten „Catsitter-Clubs" aufnehmen. In fast allen größeren Städten helfen sich Katzenfreunde gegenseitig, nach dem Motto: „Nimmst du meine Katze, nehme ich deine." Während der eine im Urlaub ist, schaut der andere nach der Katze des Urlaubers und umgekehrt. Viele Käufer einer Rassekatze sind der Meinung, dass sie dem Züchter ihre Katze während des Urlaubs anvertrauen können. Leider ist das nicht möglich, da sich die Katzen fremd geworden sind und es zu Streitereien kommen würde, es sei denn, er hat einen Raum für Urlaubskatzen.

Auto fahren

Ob Sie Ihre Katze mit in den Urlaub nehmen oder zu Freunden bringen – es ist auf jeden Fall von Vorteil, wenn Sie das Kätzchen, solange es noch jung ist, an die Fahrt im Auto gewöhnen – natürlich in einer Transportbox. Auch der gelegentliche Besuch beim Tierarzt wird dadurch angenehmer.

Kastrieren
BIETET VORTEILE

UNERWÜNSCHTER NACHWUCHS Unkastrierte Katzen oder Kater frei herumlaufen zu lassen, vergrößert das Katzenelend und hat nichts mit Tierschutz zu tun. Werden Kätzinnen oder Kater ausschließlich in der Wohnung gehalten, ist das Sexualverhalten von beiden oft eine unzumutbare Belastung – sowohl für den Menschen als auch für das Tier.

Sie: rollig und nervig

Kätzinnen sind mit sechs bis neun Monaten in der Lage, Babys zu bekommen. Vom Frühling bis in den Frühherbst hinein kann eine gesunde Katze alle vierzehn Tage rollig werden. Sie ist unruhig, rollt sich mit gurrenden Lauten auf den Boden und schreit nach dem nächsten Kater. Der Zustand dauert einige Tage und zerrt an den Nerven der Mitbewohner. Nach drei oder vier überstandenen Zuständen dieser Art wird man seine Kätzin gern zur Kastration anmelden.

Er: potent und penetrant

Ein geschlechtsreifer Kater markiert dagegen sein Revier mit übel riechendem Urin. Auch hier hilft nur die Kastration, wenn sie rechtzeitig erfolgt. Sie hat zudem den Vorteil, dass sich ein Freilaufkater gar nicht erst ans Streunen gewöhnt. Er wird weniger weit herumlaufen und nicht mehr Tage, Wochen oder sogar Monate von zu Hause fort bleiben, um nach fortpflanzungsfähigen Weibchen Ausschau zu halten. Manche potente Kater kommen gar nicht mehr zurück.

Partnersuche Noch ist sie zu klein, um sich für das andere Geschlecht zu interessieren. Freilaufkatzen sollten kastriert sein.

Was heißt kastrieren?

Um diese unangenehmen Begleiterscheinungen auszuschalten, werden sowohl Kätzinnen als auch Kater unfruchtbar gemacht. Bei ihm werden die Hoden entfernt, bei ihr die Eierstöcke und die Gebärmutter. Der Eingriff geschieht unter Narkose und ist beim Kater schnell und einfach. Er ist schon innerhalb eines Tages wieder fit. Das Weibchen muss sich dagegen von einer Operation mit Bauchschnitt erholen und braucht ein paar Tage Schonzeit. Das ist wörtlich zu nehmen. Lassen Sie keine andere Katze in die Nähe einer frisch operierten. Der Narkosegeruch wird oft als unangenehm und fremd aufgenommen und kann dazu führen, dass der „Neuling" dauerhaft abgelehnt wird.

Die Sterilisation

Manchmal hört man für die Kätzin auch den Ausdruck „Sterilisation", der jedoch nicht korrekt ist. Bei einer Sterilisation werden lediglich die Eileiter durchtrennt. Die Eierstöcke bleiben funktionstüchtig, produzieren weiterhin Hormone und lassen die Katze dadurch weiterhin rollig sein, auch wenn sie keine Babys mehr bekommen kann. Das heißt also, dass eine Sterilisation unfruchtbar macht, aber nicht die Rolligkeit und das damit verbundene Verhalten verhindert.

Der Charakter bleibt

Leider glauben viele Menschen immer noch, dass Katzen nach der Kastration ihren Charakter verändern. Doch das ist nicht der Fall. Im Gegenteil: Viele unkastrierte Katzen, die nie einem Partner zugeführt werden, verändern sich oft in ihrem Wesen zum Negativen. Falsch ist auch die Behauptung, dass kastrierte Katzen fett und faul würden. Sie benötigen nur etwas weniger Kalorien. Füttern Sie etwas weniger und spielen Sie mehr mit ihr und das Problem ergibt sich erst gar nicht.

Möglichst früh kastrieren

Möglich und ratsam ist eine Unfruchtbarmachung in jedem Alter, sobald das Tier weitgehend ausgewachsen ist, nicht jedoch bevor es den sechsten Lebensmonat erreicht hat, wobei der Trend sowohl bei der Katze als auch dem Kater zur Frühkastration geht. ■

Frühkastration? Sprechen Sie mit Ihrem Tierarzt über den richtigen Zeitpunkt und die Risiken einer Kastration.

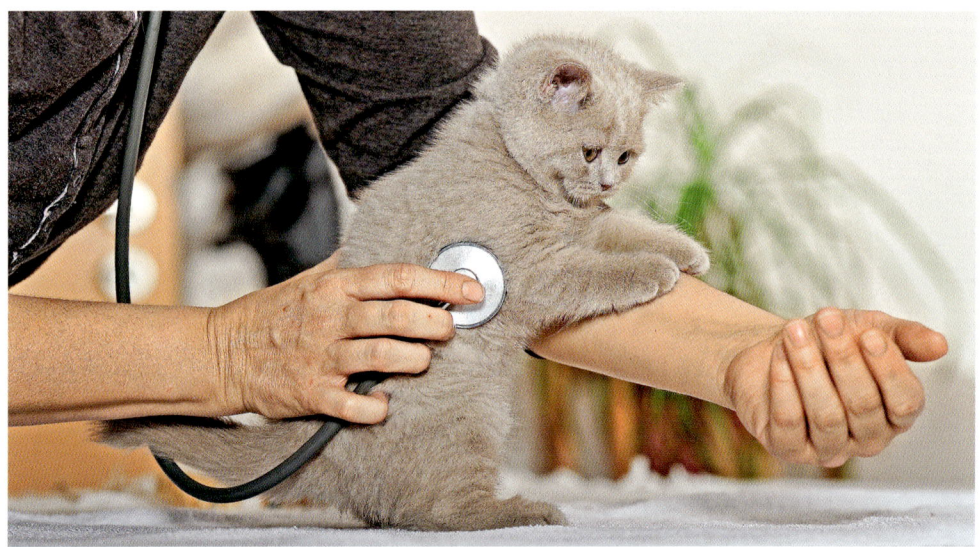

Routineuntersuchung Wenn der Tierarzt das Kätzchen so liebevoll untersucht, gibt es überhaupt keinen Stress.

IMPFEN UND PARASITEN VORBEUGEN
Gesundheitsvorsorge

ANTRITTSBESUCH Warten Sie nicht, bis Ihre Katze krank ist oder ein Notfall eintritt. Stellen Sie das Kätzchen lieber schon vorher einmal einem Tierarzt vor. Bringen Sie die Katze selbst, damit der Tierarzt auch kompetente Antworten auf seine Fragen bekommen kann. Um in der Aufregung nichts zu vergessen, ist es am besten, sich vorher einige Notizen zu machen. Grundsätzlich sollten Sie einmal im Jahr für das notwendige Impfprogramm dorthin gehen.

Sofort zum Arzt

Zögern Sie nicht, sofort zum Tierarzt zu fahren, wenn die Katze sich auffällig benimmt oder Sie folgendes beobachten können: ungewöhnliche Veränderungen im Verhalten, Speicheln und Hecheln, stumpfes, struppiges und glanzloses Fell, breiiger oder flüssiger Stuhlgang. Lieber einmal mehr als einmal zu wenig zum Tierarzt gehen!

Impfen lassen

Katzenseuche ist eine hochgradig ansteckende, fieberhaft verlaufende Erkrankung der Katze, deren Erreger sehr widerstandsfähig ist. Seit vielen Jahren gibt es einen wirksamen Impfschutz.

Katzenschnupfen ist eine weit verbreitete, ansteckende Viruserkrankung, an der Katzen jeden Alters erkranken können, junge Katzen sind jedoch besonders anfällig. Der Name Schnupfen verharmlost die Schwere der Erkrankung. Die Behandlung erkrankter Tiere ist schwierig und kann mehrere Wochen dauern. Deshalb ist eine Impfung dringend anzuraten.

Leukose Ein Virus ist der Verursacher der Katzenleukose. Es befällt nicht nur verschiedene Organe, sondern schwächt das Immunsystem. Eine Übertragung ist nur von Katze zu Katze über infizierten Speichel möglich. Im Gegensatz zum Katzenseuchevirus, das sehr lange außerhalb des Tieres überleben kann, ist das Leukosevirus außerhalb des Katzenkörpers sehr labil und verliert schnell seine Ansteckungskraft. Durch einen Leukose-Test kann nachgewiesen werden, ob das Virus im Blut vorliegt. Seit einigen Jahren gibt es auch hier eine vorbeugende Impfung.

FIP Erst in den 60er Jahren wurde das FIP-Virus (Feline infektiöse Peritonitis) entdeckt. Es greift das Immunsystem des Körpers an, und der Krankheitsverlauf ist in den meisten Fällen tödlich. Es gibt aber auch Tiere, die das Virus in sich tragen, ohne Krankheitszeichen zu zeigen. Eine Schutzimpfung gibt es erst seit kurzer Zeit.

Tollwut ist, dank der Impfung von Wild- und Haustieren, nur noch von Fledermäusen übertragbar. Seit September 2008 gilt Deutschland als frei von terrestrischer Tollwut. Allerdings sollten Freilaufkatzen gegen Tollwut geimpft werden.

Flöhe, Zecken, Würmer

Alle Katzen müssen regelmäßig entwurmt werden. Freilauftiere benötigen von Frühjahr bis Herbst auch einen wirksamen Schutz gegen Flöhe und Zecken. Beim Tierarzt gibt es Spot-on-Präparate, kleine Ampullen, die man der Katze ins Nackenfell träufelt. ■

KRANKHEITEN In diesem Film wird erklärt, was Sie im Krankheitsfall beachten müssen. Unter www.m.kosmos.de/13252/v6 gelangen Sie zu den gleichen Infos.

IMPFSCHEMA

Impfung gegen	Erstimpfung	Zweitimpfung	Wiederholung
Katzenseuche	8. Woche	12. Woche	Alle 2 Jahre
Katzenschnupfen	8. Woche	12. Woche	Jährlich
Evtl. Leukose	14. Woche	16. Woche	Jährlich
Evtl. FIP	16. Woche	19. Woche	Jährlich
Tollwut	12. Woche	–	Je nach Impfstoff

DIE HÄUFIGSTEN
Katzen-
krankheiten

Kranheitsanzeichen	Verdacht auf	Maßnahmen
Erbrechen	Gastritis, Darmverschluss, Infektionskrankheiten wie FIV, Leukose	Bitte Diät füttern, nach 2 Tagen den Tierarzt aufsuchen. Bei unstillbarem Erbrechen bitte sofort zum Tierarzt.
Verstopfung	Haarballen, Fremdkörper, Darmverschluss	Katze auf Diät setzen. Setzt sie nach 2 Tagen noch keinen Kot ab, muss sie zum Tierarzt.
Durchfall	Würmer, Vergiftung, Infektionskrankheiten (FIV, Leukose)	Diät, eventuell entwurmen. Bei schwerwiegendem oder länger anhaltendem Durchfall zum Tierarzt.
Lahmheit	Insektenstich, Schnittwunde, Bruch, ausgerissene Kralle	Gliedmaßen gut untersuchen. Ein Insektenstich kann mit Essigwasser gelindert werden, alles andere gehört in die Hände eines Tierarztes.
Lähmung	Tollwut, Wirbelsäulenverletzung, Beckenbruch	Unbedingt zum Tierarzt. Liegt ein Verdacht auf Wirbelsäulenverletzung oder Beckenbruch vor, Katze möglichst wenig bewegen und in einer gut gepolsterten Kiste transportieren.
Krämpfe	Vergiftung, Epilepsie, Tollwut	Wickeln Sie die Katze in ein Handtuch, damit sie sich und Sie nicht verletzt. In allen Fällen bitte zum Tierarzt.

Kranheitsanzeichen	Verdacht auf	Maßnahmen
Nasenausfluss (wässrig, eitrig oder blutig)	Infektionskrankheiten (Katzen-schnupfen, FIP), Fremdkörper in der Nase oder der Lunge, Toxoplasmose, Vergiftung	Ist der Nasenausfluss einseitig und nicht wässrig, deutet dies auf ein ernsthaftes Problem hin (z. B. Fremdkörper), hier bitte zum Tierarzt. Das gilt auch bei Vergiftungs-verdacht. Bei beidseitig wässrigem Ausfluss kann man die Katze inhalieren lassen.
Augenentzündung	Fremdkörper, Katzenschnupfen, nach innen gewachsene Wimpern	Hier sollte der Tierarzt zu Rate gezogen werden, damit man das Auge nicht verletzt.
Nickhautvorfall	Würmer, neurologisch bedingt	Wann wurde die Katze zuletzt entwurmt? Bei einem einseitigen Nickhautvorfall mit zusätzlichen Symptomen einen Augenspezialisten aufsuchen.
Starkes Speicheln	Zahnstein, Vergiftung, Fremdkörper	Mundhöhle untersuchen. Weist die Katze weitere Vergiftungssymptome auf, sofort zum Tierarzt.
Kopfschiefhaltung	Ohrenentzündung, Fremdkörper im Ohr	Ernstzunehmendes Problem: Bitte gleich den Tierarzt aufsuchen.
Katze trinkt sehr viel	Diabetes, Niereninsuffizienz	Trinkverhalten beobachten und den Tierarzt aufsuchen.

Katzenverhalten
VERSTEHEN

VERSTEHEN & BESCHÄFTIGEN

S. 56

Katzensprache

Gerüche Untereinander verständigen sich Katzen überwiegend durch Duftbotschaften. Der Geruch besagt, wer wann wo war, ein Austausch, bei dem man sich noch nicht einmal über den Weg laufen muss.

Körpersprache Trifft man sich doch, zeigen Katzen anhand ihrer Körpersprache, ob sie sich näherkommen wollen oder ob der andere gleich weiterziehen soll.

Lautäußerungen Katzen reden vorwiegend mit Menschen, denn sie haben gelernt, dass sie so die besten Ergebnisse erzielen. Ein klägliches Miau und der Napf ist voll.

Schnurren Eines der entspannendsten Geräusche ist das Schnurren. Es drückt Wohlbehagen aus, wenn es der Katze gut geht. Allerdings wird es aber auch bei Schmerzen oder Angst eingesetzt.

S. 62

Wie Hund und Katze

Hund und Katze vertragen sich meistens besser, als ihnen nachgesagt wird. Wenn beide noch jung sind, oder zumindest einer von beiden, lernen sie, miteinander auszukommen und die Sprache des anderen zu verstehen.

S. 64

Eine Katze für die ganze Familie

Ein kleines Kätzchen passt sich am besten in die Familie ein. Katzen und Kinder können tolle Freunde werden. Wichtig ist, die Bedürfnisse der Katze zu akzeptieren und Grobheiten zu vermeiden. Kinder können schon gut mithelfen, Jugendliche sind in der Lage, die Katze selbstständig zu versorgen.

S. 66

Die 7

GEBOTE ZUR KATZEN-ERZIEHUNG. MIT GEDULD, KONSEQUENZ UND LIEBE GELINGT ES.

S. 68

Abenteuer und Spielideen

Wohnungskatzen brauchen Abenteuer und wollen beschäftigt werden. Spiele mit Papiertüten, Pappkartons, Tüftelbrettern, Federwedeln und Überraschungseiern finden Sie hier.

KATZEN SPRECHEN
viele Sprachen

LAUTLOSE KOMMUNIKATION Tiere, die sich am liebsten aus dem Weg gehen, haben sich auch wenig zu sagen. Sie teilen sich im Wesentlichen mit, ob Kontaktbedürfnis besteht oder nicht. Dazu genügen Duftmarken, die eine fremde Katze auch dann riechen kann, wenn der Aussender schon längst weg ist. Sieht man sich auf die Ferne, dient die Körpersprache der Verständigung.

Stille Beobachter

Der Mensch selbst ist im Vergleich zu Katzen eine echte Quasselstrippe. Und diesem Umstand passt sich die Katze an. Schon die kleinen Kätzchen lernen teils durch Beobachtung ihrer Mutter, teils aus eigener hungriger Erfahrung, dass es nützlicher ist, vor dem Napf zu sitzen und zu maunzen, als nur dort zu sitzen und sehnsüchtig dreinzuschauen.

Man sieht sich!

Katzen reden schon deshalb wenig miteinander, weil sie sich selten so nah kommen, dass ein Miau von der anderen Katze verstanden wird. So hört man am ehesten noch eine Katzenmutter mit ihren Kindern sprechen. Bei Katerkämpfen gibt es Geschrei, sodass mitten in der Nacht in den Häusern die Lichter angehen. Und schließlich kommen sich auch Kater und Katze gelegentlich ziemlich nah. Und dabei geht es auch laut zu. Im Alltag jedoch spielen die Miaus unter den Katzen kaum eine Rolle, außer bei einigen Rassen orientalischer Herkunft, die immer sehr gesprächig sind.

Miau! Selbst die kleinste Katze kann sich schon lautstark zu Wort melden. Sie reden eher mit Menschen als mit Artgenossen.

Sehr zufrieden! Das schönste Geräusch, das Katzen machen können, ist das Schnurren. Es wirkt auf Katze und Mensch beruhigend.

Miau für Begriffsstutzige

Überraschenderweise lernen fast alle Katzen sprechen, wenn es sich als nützlich erweist. Ein halbwegs schlaues Kätzchen hat nach ein paar Wochen herausgefunden, wie es seinen Menschen dazu bekommt, auf der Stelle in die Küche zu eilen, um den bevorstehenden „Hungertod" in letzter Sekunde zu verhindern … Miau.
Jede Katze kann das „Futter-her!"-Miau. Doch es ist kein Ton, der für alle gilt, sondern ein von dieser Katze gelerntes Miauen, das den Halter am schnellsten in Bewegung gesetzt hat.

Geschrei und Geräusche

Wissenschaftler konnten 16 verschiedene Grundtöne von Katzen identifizieren und in eine der drei Kategorien „Murmeln, Gesang, hohe Töne" (Michael Fox) sowie sonstige Geräusche zuordnen. Kätzchen im Alter von zwölf Wochen sind schon zu all diesen Lauten in der Lage, auch wenn ihr Kampfgeschrei noch von keinem ernst genommen wird.

In der Katzenliteratur steht eine Menge über die Sprache der Katzen. Aber nicht die Miaus werden hier erklärt, sondern die Körper- und Duftsprache, die den Katzen eindeutig mehr zur gegenseitigen Verständigung dienen als Miaus. Man kennt die so genannte „Bruderschaft der Kater" (Paul Leyhausen), bei denen außer einem gelegentlichen Fauchen und Knurren gar nichts zu hören ist und man sich fragt, was die da eigentlich tun.

Schnurren

Schnurren zeigt höchstes Wohlbefinden an. Es kann auch eine Aufforderung nach Zuwendung oder Aufmerksamkeit sein. Eine Katze schnurrt allerdings auch, wenn sie verletzt ist oder sie und ihr Wurf in Gefahr sind. Man nimmt an, es soll beruhigend auf sie und ihre Jungen wirken. ■

VERHALTEN Fauchen, Schnurren, Um-die-Beine -Streichen. In diesem Film wird Katzenverhalten erklärt. Unter www.m.kosmos.de/13252/v7 finden Sie die gleichen Infos.

DER HEIMTIER-DOLMETSCHER

Kätzchen verstehen

**❶ Huch!
Da ist etwas**

Das Kätzchen hat etwas entdeckt und weiß noch nicht
genau, wie es reagieren soll.
Erst einmal beobachten, heißt
die Devise. Alle Sinne sind voll
auf das Objekt ausgerichtet.

❷ Höhlenforscher

Dunkle Löcher und Höhlen
sind für Katzen unwider-
stehlich und ziehen sie ma-
gisch an. Da wird schon der
eine oder andere Klimmzug
in Kauf genommen, um die
Neugier zu befriedigen.

❸ Wie hingegossen

Lang gestreckt, sofern es
der Platz erlaubt, liegt diese
Katze auf ihrem Ausguck.
Ein perfekter Platz, um
gemütlich die Umgebung
zu beobachten.

Frisch gewetzt ❹

Kratzen und Krallenschärfen dient nicht nur der Maniküre. Durch das Kratzen hinterlässt die Katze Duftspuren und setzt eindeutige Zeichen: Ich war hier!

Gut gefaucht, Tiger! ❺

Das Kätzchen tut seinen Unmut durch kräftiges Fauchen und aufgestelltes Fell kund. Hier herrscht dicke Luft!

Klein mit Hut ❻

Mit einem Blick wird das aufmüpfige Kätzchen in seine Schranken gewiesen. Es macht sich klein und legt die Ohren an.

... HIER GEHT'S WEITER:

Jagdfieber ❶

Katzen sind ausgezeichnete Jäger. Sie reagieren auf alles, was sich bewegt. Daher sind ihre Lieblingsspiele auch Jagdspiele. Ob ein Federwedel, ein anderes Katzenkind oder eine echte Maus: Allem wird nachgesetzt, sobald es sich bewegt.

Attacke! ❷

Die Beiden toben miteinander. Wenn zwei Katzen spielen, gehören Angriff und Abwehr, Pfotenhiebe (ohne Kralleneinsatz) und kurze Verfolgungsjagden dazu.

Katzenwäsche ❸

Katzen sind reinliche Tiere und legen sehr viel Wert auf Körperpflege. In entspannter Atmosphäre werden die Pfoten gesäubert und das Gesicht gewaschen. Hektisches Putzen kann auch eine Übersprungshandlung sein, wenn die Katze nicht weiß, wie sie reagieren soll.

Spitzenathleten **4**

Katzen sind wahre Bewegungs-
künstler. Kein Balanceakt ist
zu gewagt, kein Platz zu hoch,
kein Sprung zu weit, und alles
wird mit einer geschmeidigen
Punktlandung absolviert.

Sieh nur,
wie groß ich bin! **5**

Durch den Drohbuckel ver-
sucht sich das Kätzchen größer
zu machen, als es ist, um
den Gegner einzuschüchtern.
Dabei wird gefaucht und
gespuckt, auch wenn es sich
gar nicht so mutig fühlt.

Rückenlage **6**

Wenn das Kätzchen auf dem
Rücken liegt, ist es ganz und
gar nicht hilflos. Denn jetzt
hat es alle vier Pfoten und
das Mäulchen frei, um zurück-
zuschlagen. Das kann ganz
schön wehtun!

Schlaf
der Gerechten **7**

So himmlisch schlafen und
ruhen können beinah nur
Katzen. Wir dürfen sie ruhig
ein wenig beneiden, aber
nicht stören.

In „Haarmonie"
MIT ANDEREN TIEREN

WIE HUND UND KATZ Alle sind wie Hund und Katz', nur Hund und Katze nicht. Oft werden die beiden nämlich dicke Freunde. Mit einem Hund aufgewachsene Kätzchen sehen ihn als Fress-Freund in der Küche und nicht als Fress-Feind auf der Straße. Wer beide halten will, kann sich und den Tieren keinen größeren Gefallen tun, als zwei Jungtiere bei sich aufzunehmen.

Liebe auf den ersten Biss

Wird es eine Liebe auf den ersten Biss, oder nur ein bisschen Liebe oder gar ein Verhältnis von der Sorte „Du liebes Bisschen, wie konnten wir's nur wagen?" Sie wissen es erst, wenn Sie es ausprobiert haben. Es gibt dennoch Wege, Hund und Katze aneinander zu gewöhnen, wenn einer

Hunde und Katzen Meistens verstehen sich die beiden gut. Am besten klappt es, wenn beide jung sind oder zumindest einer von ihnen.

Sprachen lernen Für den Hund ist es eine Spielaufforderung, für die Katze spricht er eine Fremdsprache. Verständigung will gelernt sein.

von ihnen bereits im Haushalt lebt. Grundsätzlich sollte einer der beiden noch jung sein. Halten Sie für ein oder zwei Tage Hund und Katze in getrennten Zimmern, und wechseln Sie dann die Katze ins Hundezimmer und umgekehrt. So gewöhnen sie sich an den Geruch des anderen. Dann bringen Sie beide vorsichtig zusammen, nehmen Sie den Hund vorsichtshalber an die Leine, bevor die wilde Jagd beginnt. Beruhigen Sie die beiden und reden ihnen gut zu. Anschließend dürfen Sie beide mit einem Leckerbissen belohnen. Das wiederholen Sie so oft wie nötig, und Sie werden sehen: Es klappt vorzüglich.

Nur hundlos glücklich?

Treffen allerdings Hund und Katze als erwachsene Tiere aufeinander, so kann es in der Tat zu Problemen kommen. Das liegt an den unterschiedlichen Körpersprachen der beiden. Wedelt ein Hund mit dem Schwanz, bedeutet das für ihn Freude und Wohlbefinden. Für die Katze heißt Schwanzschlagen jedoch beginnender Ärger und Angriffslust. Das Heben der Pfote ist ein Zeichen der Verteidigungsbereitschaft bei Katzen, beim Hund jedoch eine freundliche Geste. Katzen fliehen stets vor großen Tieren, wogegen Hunde flüchtende Tiere instinktiv verfolgen, und schon ist die Jagd im Gange.

Vorsicht bei Kleintieren

Bei anderen Tieren ist Vorsicht geboten. Wer Kleintiere wie Kleinnager oder Vögel neben seiner Katze beherbergen möchte, muss einiges beachten, damit kein Tier Schaden nimmt. Die Haltung von Vögeln, Hamstern und anderen Kleintieren funktioniert nur, wenn die Tiere in einem separaten Raum gehalten werden, zu dem die Katze keinen Zutritt hat. Katzen sind Jäger und gute Kletterer: Jedem Wellensittich würde der Atem stocken, wenn die Katze auf dem Käfig sitzt und ihn anstarrt, oder beim Freilauf bzw. Freiflug hinter ihm her ist. Ersparen Sie kleineren Tieren den Stress. Mit Meerschweinchen und Kaninchen kann es ganz gut funktionieren, wenn man die Tiere mit viel Geduld aneinander gewöhnt. Anfangs darf die Katze nur unter Aufsicht an das Gehege. Denken Sie daran, dass sie ein Jäger ist und bleibt.

Katzenfernsehen

Katzen sind leidenschaftliche Angler. Decken Sie Ihr Aquarium ab, so dass das Kätzchen gar nicht erst in Versuchung geführt wird, darin zu „angeln". Die meisten Katzen sitzen oft stundenlang davor, als wär's ein prima „Fernsehprogramm" für Stubentiger. ∎

Aufgabenteilung
FÜR DIE GANZE FAMILIE

DIE FAMILIENKATZE Wählen Sie eine Katze, die prinzipiell jeden in der Familie mag, was man bei einer schon älteren Katze nicht immer sicher sagen kann. Ein noch junges Kätzchen ist hier einer älteren vorzuziehen.

Wenn Kind und Katze gemeinsam aufwachsen, gewöhnen sie sich schnell aneinander und werden dicke Freunde. So ist die Katze für das Kind kein Spielzeug, sondern Spielgefährtin und Vertraute, der man alle Geheimnisse erzählen kann.

Gute Freunde Zwischen Kätzchen und Kindern entstehen oft dicke Freundschaften, wenn die Bedürfnisse des Tieres respektiert werden.

Eine handvoll Katze Wenn Kätzchen Unfug machen, muss man sie z. B. vom Vorhang pflücken, aber bitte ohne Gewalt.

Liebevoll Mit Geduld, Konsequenz und Liebe bekommt man tolle Mitbewohner für die ganze Familie.

Schlechte Erfahrungen

Sehr häufig sind es jedoch Kinder, vor denen die Katze nach einigen meist unbeabsichtigten, aber dennoch schmerzhaften Grobheiten davonläuft. Deshalb überlegen Sie gut: Sind Ihre Kinder schon katzentauglich? Wenn nein, dann müssen Sie dem Kind erklären, dass das Tier den Vorfall nicht schnell vergisst, sondern im schlimmsten Fall dauerhaft Angst vor ihm haben wird. Auch Erwachsene verscherzen manchmal ungewollt die Sympathie der Katze, etwa durch rabiate Erziehungsmethoden. Was Sie vermeiden sollten, ist jede Form von körperlicher Gewalt.

Ablehnung

Aufgrund schlechter Erfahrungen haben Katzen nicht nur Angst vor einer bestimmten Person, sondern manchmal sogar vor allen Menschen mit diesen Kennzeichen, etwa Männern im Allgemeinen, oder vor Leuten mit Bart oder einem ähnlichen Merkmal, das sie negativ abgespeichert haben.
Eine solche Angst kann von einem Ereignis stammen, das während der Prägephase zwischen der 3. und 8. Lebenswoche geschah und sich damals fest ins Unterbewusstsein eingebrannt hat. Eine Veränderung ist mit einem guten Therapeuten immerhin einen Versuch wert. In leichten Fällen versuchen Sie es mit dem Futter-Trick.

Liebe geht durch den Magen

Wer füttert hat einen Sympathiebonus bei der Katze und den kann man nutzen. Als Erstes bekommt die Katze einige Tage lang keine extra Leckereien mehr, während der vom Tier verschmähte Mensch die Katze ignoriert. Nach ein paar Tagen lässt er eher beiläufig ein Leckerchen fallen, steigert die Ration und verringert die Nähe zur Katze, bis letztlich – mit etwas Glück – ihre Gier siegt.

Ab wann helfen Kinder?

Fast alle Kinder wollen irgendwann einmal ein Tier zum Anfassen und Erleben. Für kleine unter sechs Jahren sind Katzen zwar noch nicht ideal, weil sie lautes Kreischen und plumpe Bewegungen nicht leiden können, aber kleine Tätigkeiten, wie den Napf vor die Katze stellen oder Trockenfutter geben, kann ein Kleinkind übernehmen. Das Spielen mit der Katze ist in dem Alter noch ungeschickt und auch beim Streicheln muss jemand dabei sein. Ab Schulalter kann ein Kind lernen, behutsam mit einer Katze umzugehen. Jetzt ist es bereit, schon einige Aufgaben zu übernehmen, etwa täglich mit ihr zu spielen, beim Kämmen oder auch beim Reinigen der Toilette zu helfen. Natürlich müssen Erwachsene dabei helfen bzw. bei größeren Kindern kontrollieren. Ein Teenager kann alle Aufgaben allein übernehmen. ■

DIE 7 GRUNDPFEILER
DER
Katzenerziehung

KATZEN SIND INDIVIDUALISTEN und lassen sich deshalb nicht so leicht erziehen wie Hunde. Sie können zwar lernen, was erlaubt und was verboten ist, allerdings wird eine Katze nie aufs Wort gehorchen, und schon gar nicht auf das erste. Dennoch schadet ein bisschen Erziehung nicht, denn auch ein Kätzchen muss lernen, was sich gehört und was gar nicht geht.

1. Geduld

Die wichtigste Voraussetzung für eine erfolgreiche Erziehung ist Geduld. Oft stellt sich der Erfolg erst nach Tagen ein. Das kann anfänglich recht nervenaufreibend sein. Aber das Katzenkind ist noch klein, unerfahren und kennt die Prioritäten der Familie nicht. Da heißt es, durchhalten und scheinbar immer wieder von vorn anfangen.

2. Konsequenz

Seien Sie konsequent – was einmal verboten wurde, darf nicht am nächsten Tag erlaubt sein und umgekehrt. Bleiben Sie dabei, wenn Sie einmal etwas verboten haben. Wenn die Katze nicht auf dem Tisch sitzen soll, wird sie jedes Mal heruntergescheucht. Wenn sie es einmal darf und ein andermal nicht, wird sie die Spielregeln nicht verstehen.

Gipfelstürmer Ein tolles Klettererlebnis, das man nicht tolerieren sollte, denn bei großen Katzen leiden Hose und Beine!

Pflanzen-Harakiri An diesem Gras darf sie knabbern, an Zimmerpflanzen jedoch nicht. Diese könnten auch giftig sein.

Verlockung Der Kuchen und der Tisch sind für Katzen tabu! Allerdings sollten Sie unbeaufsichtige Velockungen vermeiden.

Alternativen bieten Sorgen Sie für Beschäftigungsalternativen wie z. B. ein Säckchen voller Katzenminze.

3. Feste Stimme

Das geeignete Erziehungsmittel ist Ihre Stimme. Da Katzen gut auf Stimme reagieren, sollten Sie diese bei der Erziehung einsetzen. Ein deutliches „Nein", laut und energisch gesprochen, wird Ihr Kätzchen auf Dauer davon abhalten, an der Gardine zu schaukeln oder an Tapeten und Möbeln zu kratzen. Bieten Sie auch einen Kratz- und Kletterbaum an: Pflücken Sie das Kratz-Kätzchen vom Sofa und tragen Sie es zur extra dafür vorgesehenen Kratzmöglichkeit. Dann loben Sie es mit sanften, ruhigen Worten und ein paar Streicheleinheiten. So verfahren Sie auch mit anderen Dingen, die das Kätzchen nicht darf. Stuhlbeine oder Ecken, an denen das Kätzchen nicht kratzen darf, kann man auch mit Alufolie umwickeln oder auslegen.

4. Sanfte Hilfsmittel

Verstärken kann man die Wirkung der Stimme noch mit lautem Händeklatschen oder, in ganz hartnäckigen Fällen, mit einem harmlosen Anspritzen aus einer Blumenspritze. Weitere Möglichkeiten, etwa um einen Katzenstreit zu beenden, sind eine Tür zuschlagen oder Lärm mit einem Topfdeckel machen.

5. Gewaltfreiheit

Auf keinen Fall sollten Sie ein Kätzchen bestrafen oder gar schlagen, weil es sonst scheu werden kann. In diesem Fall geht es Ihnen künftig aus dem Weg und Sie würden dabei lernen, dass Konsequenz auch den Katzen nicht fremd ist, so konsequent, wie sie Ihnen die Freundschaft kündigen würde.

6. Lob und Liebe

Loben Sie Ihre Katze, wann immer sie etwas gut gemacht hat. Sie könnte zum Beispiel am Kratzbaum gekratzt haben. Dann loben Sie sie und zeigen ihr damit, dass Sie zufrieden sind, sie lieb haben und die Welt in Ordnung ist.

7. Entgegenkommen

Geben Sie in einem Punkt, der Ihnen nicht ganz so wichtig ist, auch einmal nach. Wenn die Katze gern auf dem Fensterbrett schlafen möchte, können Sie die Topfpflanze wegräumen und ihr einen Minischlafplatz einrichten. Selbst wenn es dann dort nicht mehr so schön aussehen sollte, können Sie sich freuen, dass die Katze nun zufrieden ist.

WOHNUNGSKATZEN BRAUCHEN *Abenteuer*

SPIEL UND SPASS Katzen sind anpassungsfähig genug, um in einer Wohnung zufrieden leben zu können. Ein Kätzchen, das von klein auf nur die Wohnung gekannt hat, wird auch nichts vermissen. Im Gegenteil: Die große weite Welt wird ihm unheimlich erscheinen. Doch wenn wir unserer Katze eine reine Wohnungshaltung anbieten, sollten wir ihr auch Spiel und Spaß und vielleicht einen Hauch von Abenteuer bieten.

Ohne Maus im Haus

Reine Wohnungskatzen begegnen ja normalerweise keinen Mäusen und können sich auch keine Leckerchen beim Nachbarn erschmeicheln. Ihnen entgehen daher ein paar kulinarische Extras, was kein Schaden ist. Allerdings verzichten sie unfreiwillig auf das für Katzen so prickelnde Vergnügen der Jagd. Deshalb sind Sie herausgefordert, für die rechte Katzenanimation zu sorgen.

Fürs Leben lernen

Schlafen, fressen und ganz viel spielen – so sieht der Tagesablauf eines jungen Kätzchens aus. Durch das Spiel lernt es, was es im späteren Leben braucht. Deshalb steht bei fast allen Spielen das Belauern, Anschleichen und Fangen der Beute im Mittelpunkt.

Spielend alt werden

Katzen spielen, anders als die meisten Tiere, auch dann noch, wenn sie ausgewachsen sind, sogar bis ins hohe Alter hinein. Dann toben sie zwar vielleicht nicht mehr so wild, dafür aber sehr ausdauernd. Vielleicht ist dieses auffallende Spielverhalten der Grund, warum Katzen einen so großen Reiz auf viele Menschen ausüben.

Jagdspiele Der Katze liebstes Spiel ist das Beutefangen. Ob Federwedel oder Spielmaus, Hauptsache es bewegt sich.

Katzen scheinen sehr lang jung zu bleiben – vielleicht gerade deshalb, weil sie so viel und gern spielen. Also: Spielen Sie mit!

Animation à la Maus

Im Spiel üben Katzen für sie überlebenswichtiges Verhalten: anschleichen, lauern, jagen, angreifen, springen und sich verteidigen. Spiele und Spielzeug – möglichst klein und leicht – sollten dem Rechnung tragen, je mausähnlicher, desto besser. In der Wohnung sind Sie der Ansprechpartner für das Kätzchen. Bringen Sie es mit spannenden Spielen in Bewegung.

Halbe Stunde genügt

Oft genügt schon eine halbe Stunde täglich. Und für Sie selbst kann es unterhaltsamer und spannender sein als jeder Fernsehkrimi. Spielen hält körperlich und geistig fit, macht ausgeglichen und aufmerksam. Ist das Kätzchen ausgelastet, wird es nicht vor lauter Langeweile auf dumme Gedanken kommen. So lässt sich von vornherein mancher Unfall vermeiden, und die Katze fühlt sich in der Wohnung wohl.

Trimm dich für Dicke

Manche Katzen fressen sich von einem Snack zum andern durch den ganzen Tag. Es macht natürlich Spaß sie zu füttern, aber eine dicke Katze wird leichter krank und kann früher sterben. Extra-Leckerchen gibt es für Moppelchen nur, wenn sie dafür „arbeiten": Werfen Sie das Futterbröckchen von der Katze weg, damit sie es jagen und fangen kann. Das geht auch ohne Leckerlis, zum Beispiel mit einem Säckchen, das mit Katzenminze gefüllt ist. ■

ES RAPPELT IM KARTON
1. **Ist da jemand?** Mal einen Blick hineinwerfen.
2. **Angeln** Wer nicht rauskommt, wird geangelt.
3. **Da ist er ja!** Nun taucht der Bruder endlich auf!

Tollen, rollen,
SCHMUSEN WOLLEN

❶ *Katzen spielen für ihr Leben gern*

Wenn sie schlafen, fressen, sich putzen oder das Kistchen benutzen, darfst du sie nicht stören. Doch wenn sie wach sind, haben Kätzchen nichts anderes im Sinn als zu spielen. Dein Kätzchen liebt baumelnde Kordeln, die man fangen kann. Es versteckt sich in herumstehenden Schachteln. Es steckt überall neugierig sein Näschen hinein und probiert alles aus.

❶

❷ *Katzentaugliches aus der Wühlkiste*

Was du aus deinem Kinderzimmer zum Spielen mit der Katze verwenden kannst, sind größere Holzkugeln oder Tischtennisbälle, Spielzeug-Angeln, Fähnchen, Springseil, Korken, große Murmeln, Kastanien, Jojo.

❷

Schachteln und Papiertüten  + ❹

Gegen Langeweile helfen wunderbar ein paar ausgediente Kartons zum Erkunden, vor allem, wenn es dort kleine Futterstücke und Spielzeug findet. Du lässt immer einen Ein- und Ausgang offen, sonst bekommt die Katze Angst und lässt sich dann nicht mehr von dir streicheln.
Räume alle Plastiktüten weg, doch Papiertüten kannst du benutzen. Schneide die Henkel ab. Kätzchen kriechen gern hinein und spielen damit.

Die Spielregeln ❺

1. Du wählst ein Spielzeug, etwa eine Spielzeugmaus.
2. Du ziehst, rollst oder wirfst es nicht auf die Katze zu, sondern von ihr weg oder an ihr vorbei.
3. Gespielt wird nur, wenn die Katze Lust dazu hat.
4. Wenn die Katze kratzt, beendest du das Spiel sofort.
5. Du gibst ein Leckerchen, wenn die Katze etwas gut gemacht hat.

DAS MAG DEIN KÄTZCHEN NICHT:

- Als Puppe verkleidet werden
- Gebadet werden
- In einen Schrank gesperrt werden
- Im Zimmer gefangen zu sein
- Herumgezerrt werden
- Am Schwanz ziehen

DAS MAG ES:

- Herumtollen
- Schmusen
- In deinem Bett schlafen
- Unter deine Decke kriechen
- Mit deinen Zehen spielen
- Zum Fenster hinaussehen
- Leckerchen
- Dich

Kunststücke
FÜR KATZEN

KLEINE TRICKS Seit sich Katzenhalter bewusst sind, dass Katzen erziehbar sind, wächst die Zahl derer, die sie dressieren bzw. einen solchen Versuch machen. Dies ist jedoch um vieles schwieriger, da sich ihre Erziehung mehr oder weniger auf die Verbote konzentriert, während Katzen für eine Dressur auf Gebote, also Signale hören sollen. Beim Klang strenger Kommandos stößt man bei Katzen jedoch auf taube Ohren. Das regeln ein paar Leckereien: Die können Katzenohren auf wahrhaft erstaunliche Weise öffnen.

Kein Trick, sondern Typsache

Der Trick bei einer Katzendressur ist der, dass es kein Trick ist und auch keine Dressur, also keine Pflichtübung auf Kommando. Die Katze macht viel eher, was ihr gefällt. Und steht ein Leckerchen hinter der korrekten Abfolge ihres Hürdenparcours, dann macht sie das allein deshalb. Oder auch nicht. Die kleinste Ablenkung – und schon ist sie weg. Deshalb glaubt das fast niemand, wenn man erzählt, was die eigene Katze

Stofftunnel Lässt sich das Kätzchen mit einem Leckerchen durchlocken? Vielleicht bleibt es aber auch in der Kuschelhöhle liegen.

Kistenspaß Kartons sind vielseitig. Man kann sie mit Blättern füllen, Leckerchen darin verstecken oder als Unterschlupf nutzen.

Tüftelbrett Intelligenzspielzeuge belohnen durch verborgene Leckerbissen und regen zum Ausprobieren an.

alles kann. Sie tut es nicht vor Publikum. Die hartnäckigen und neugierigen Tüftler sind clever genug, um Futter-Bröckchen aus einer Schachtel herauszufischen, die nur einer einzelnen Pfote einen Einschlupf gewährt, sonst jedoch nur winzige Gucklöcher hat. Die gescheiten Katzen lernen, wie man Deckel aufstupst.

So schaffen Sie die Hürde

Ziehen Sie eine Schnur über eine klcine Hürde, die nur so hoch ist, dass die Katze noch knapp darunter hindurchlaufen könnte. Immer, wenn das Tier oben drüber springt und nicht unten durch saust, bekommt es ein Leckerchen, etwa ein Trockenfutterstückchen. Gleichzeitig rufen Sie „Spring!" oder geben ein anderes Hörzeichen. Das üben Sie täglich ein paar Minuten vor dem Füttern. Wenn die Katze das kann, lassen Sie die Schnur weg und tun so, als hätten Sie noch immer eine Schnur in der Hand. Eine schlaue Katze springt dennoch über die Hürde, denn sie weiß: Jenseits der Hürde gibt es ein Leckerli. Ähnlich kann man die Katze durch einen Tunnel laufen lassen, in dem man einen kleinen Ball hindurch-rollen lässt, hinter dem sie her rennt.

Tüfteln mit Bravour

Eine schlaue Katze findet heraus, wie sie ein Futterstückchen aus einem löchrigen Karton herausfischt. Sie nehmen dazu eine Schachtel, etwa einen alten Schuhkarton, und schneiden Tischtennisball große Löcher hinein. In die Mitte legen Sie ein Futterbröckchen und geben die Tüftel-Box der Katze zum Erkunden. Eine schlaue hat schnell die Spielregeln inklusive Leckcrchen gefressen. Man kann in die Schachtel auch Catnip-Spielzeug geben und entsprechend größere Löcher hineinschneiden.

Einsatz, aber ohne Krallen

Manche geben ihren vollen Einsatz bei den Tricks, inklusive Kralleneinsatz. Wenn sie Hände, Waden, Füße, Zehen als Beute überfällt, ist das ein Grund, auf weitere Tricks zu verzichten und das Spiel so-fort abzubrechen. Achten Sie auf angelegte Ohren, zuckendes Fell, bewegte Schwanzspitze und star-ren Blick. Dann sofort Finger weg von ihr! Wenn eine Katze genug hat, hört sie auf und geht weg. Oder sie kratzt, wenn Sie sie nicht rechtzeitig in Ruhe lassen.

Tolle Spielideen
FÜR STUBENTIGER

PAPIERTIGER Eines der einfachsten Spielzeuge ist Zeitungs- oder Seidenpapier (keine Alufolie oder Schokoladenpapier), man kann auch ein Papiertaschentuch zu einem nicht allzu großen Papierball zusammenknüllen. Ein wunderbares Spielzeug, dem man herrlich hinterherjagen kann.

Schlangenjagd

Nehmen Sie eine dickere Schnur, an das eine Ende bindet man eine Fellmaus oder eine Feder. Nun lässt man das eine Ende auf dem Boden aufliegen und geht mit dieser Schnur in der Wohnung auf und ab und Sie werden sehen, wie begeistert Ihre Katze danach springt und sie zu fangen versucht.

Fremde Federn

Meine Katzen lieben Pfauenfedern. Man kann die Katze mit so einer Feder zum Hochspringen verlocken, sie anschleichen lassen und wieder in eine andere Ecke locken.

Das wunderbarste Spielzeug ist eine Angel, an der eine Feder, ein paar bunte Bänder, ein Glöckchen oder sogar ein kleines Mäuschen hängt. Der Fachhandel bietet solche Spielangeln an, man kann sie aber auch ganz einfach selbst basteln. An einen ca. 50 cm langen Stab (Lampionstab) wird an einem Ende eine Schnur angeknotet, an deren anderem Ende kann man nun diverse Spielsachen anbinden und schon kann das Spiel beginnen.

Papierball Anschleichen, Anstubsen, Hinterherjagen. Schon ein zusammengeknülltes Papier ist ein tolles Spielzeug.

Fast wie ein Vogel Federn, die auf und ab wedeln, sind super aufregend. Die Katze hebt sofort die Pfote, ums sie zu fangen.

Rassel Ein Plastikei mit Sand oder Reis gefüllt sorgt für Abwechslung. Das Rasselei rollt über den Boden, das Kätzchen flitzt hinterher.

Höhlenforscher

Ein einfaches aber effektives Spielzeug sind immer wieder Schachteln. Schnell hat man ein paar kleine oder größere Löcher hineingeschnitten. Darin kann man dann Tischtennisbälle, Papierkugeln, Glöckchen, Fellmäuse und andere Dinge verstecken. Da Katzen neugierige Wesen sind, ist es gerade das Versteck, das sie zum Spielen animiert.

Hüpfball

Sie nehmen eine Gummischnur und verbinden sie mit einer normalen Schnur. Nun befestigen Sie die Hälfte mit dem Gummi oben an einem Türrahmen. Am unteren Ende wird wieder ein Papierball, Feder usw. angeknotet. Ihre Katze wird die höchsten Sprünge vollführen, da die Schnur durch das Gummiband immer wieder nach oben springt.

SPIELIDEEN Alle Kätzchen spielen gern. In diesem Film wird gezeigt, was Kätzchen am meisten Spaß macht. Unter www.m.kosmos.de/13252/v8 finden Sie die gleichen Infos.

Überraschungsspiel

Sie packen in eine Plastikverpackung eines Überraschungseis eine Nuss, eine Murmel oder irgendeinen Gegenstand ein, der schön rasselt. Wegwerfen, fangen, spielen: Katzenherz, was willst du mehr.

Ab und zu darf man auch seiner Katze ein Spielzeug kaufen. Schauen sie im Fachhandel nach, was dort alles an Spielen und Spielsachen angeboten wird. Bei Katzen beliebt ist ein Plastikring, mit Öffnungen, in dem ein Tischtennisball „herumläuft", den die Katze mit ihren Pfoten immer wieder anstoßen und abfangen kann.

Seien Sie kreativ

Irgendwann wird auch das tollste Spielzeug für die Katze langweilig, dann wechselt man das Spiel. Das heißt aber nicht, dass Sie jeden Tag ein neues Spiel erfinden müssen.

Räumen Sie das Spielzeug weg, so dass die Katze es nicht mehr sieht und nicht mehr damit spielen kann. Nach einer gewissen Zeit kann man das alte Spielzeug wieder hervorholen und das Spiel kann von neuem beginnen.

Kätzchen-
SERVICE

Zum Weiterlesen

Jones, Renate (HRSG): **Das Kosmos Handbuch Katzen.** Kosmos 2010

Jones, Renate: **Unsauberkeit bei Katzen.** Kosmos 2012

Lauer, Isabella: **Katzen halten – ganz entspannt.** Kosmos 2011

Lauer, Isabella: **Zwei Katzen – doppeltes Glück.** Kosmos 2012

Lauer, Isabella: **Wenn Katzen reden könnten.** Kosmos 2012

Leyhausen, Paul: **Katzenseele.** Kosmos 2005

Metz, Gabriele: **Katzenrassen.** Kosmos 2011

Metz, Gabriele: **Wohnungskatzen.** Kosmos 2013

Pfleiderer, Mircea: **Katzenverhalten.** Kosmos 2013

Rauth-Widmann, Brigitte: **Was denkt meine Katze?** Kosmos 2012

Seidl, Denise: **Spiel & Spaß für Katzen.** Kosmos 2010

Nützliche Adressen

1. Deutscher Edelkatzenzüchter-Verband e. V. (1. DEKZV)
Berliner Straße 13
D-35614 Asslar
office@dekzv.de
www.dekzv.de

Österreicher Verband für die Zucht und Haltung von Edelkatzen e. V. (ÖVEK)
Liechtensteinstraße 126
A-1090 Wien
herbert.steinhauser@chello.at
www.oevek.at

Fédération Féline Helvétique (FFH)
Feyfar, Stephanie
Büntacher 22
CH-5626 Hermetschwil-Staffeln
Tel. +41 56 6410612
E-Mail: sekretariat@ffh.ch
www.ffh.ch

Haustierregister

TASSO e. V.
Frankfurter Str. 20
D-65795 Hattersheim
Tel.: +49 (6190) 937300
Fax: +49 (6190) 937400
info@tasso.net
www.tasso.net

Die Autorin

Hannelore Grimm kann sich ein Leben ohne Katzen gar nicht vorstellen. Schon seit ihrer Kindheit hält sie Katzen und teilt ihr Zuhause ständig mit Samtpfoten. Lange Jahre hat sie selbst gezüchtet.

Sie können sich mit Ihren Fragen an Hannelore Grimm wenden. Mailen Sie an die „KOSMOS-Infoline". heimtier-infoline@kosmos.de

Danke

Ein herzliches Dankeschön geht an alle Kätzchenbesitzer, die ihre Tiere für das Fotoshooting zur Verfügung gestellt haben. Ebenfalls bedanken wir uns bei der Firma Trixie, die uns bei der Ausstattung der Fotos großzügig mit ihren Produkten unterstützt hat. Lena Scholz von der Katzenhilfe Stuttgart e. V. stand uns beim Dreh der Filme für die QR-Codes mit Rat und Tat zur Seite, ihr sei dafür gedankt. Und natürlich ein dickes Dankeschön an alle Kätzchen. Ohne die Mithilfe aller Beteiligten vor und hinter den Kulissen wäre es nicht so ein schönes Buch geworden.

Register

IMPRESSUM

Bildnachweis

112 Farbfotos wurden von Tierfotoarchiv-Drewka/Kosmos für dieses Buch aufgenommen.
Weitere Farbfotos von Oliver Giel (2; S. 13, 14) und Gabriele Metz/Kosmos (1; S. 18).

Die Filme für die QR-Codes wurden von Dr. Evelyne Fiedler, science&Art, Wissenschaftliche Medien für dieses Buch gedreht.

Impressum

Umschlaggestaltung von GRAMISCI Editorialdesign unter Verwendung von zwei Farbfotos von Tierfotoarchiv-Drewka/Kosmos.

Mit 119 Farbfotos

Alle Angaben in diesem Buch erfolgen nach bestem Wissen und Gewissen. Sorgfalt bei der Umsetzung ist indes dennoch geboten. Der Verlag und die Autorin übernehmen keinerlei Haftung für Personen-, Sach- oder Vermögensschäden, die aus der Anwendung der vorgestellten Materialien und Methoden entstehen könnten. Es wird empfohlen für die Online-Zusatzangebote WLAN zu verwenden. Das mobile Surfen ohne WLAN kann dazu führen, dass zusätzliche Kosten für die Datennutzung bei Ihrem Mobilfunkanbieter entstehen.

Unser gesamtes lieferbares Programm und viele weitere Informationen zu unseren Büchern, Spielen, Experimentierkästen, DVDs, Autoren und Aktivitäten finden Sie unter **kosmos.de**

Gedruckt auf chlorfrei gebleichtem Papier

© 2013, Franckh-Kosmos Verlags-GmbH & Co. KG, Stuttgart.
Alle Rechte vorbehalten
ISBN 978-3-440-13252-4
Redaktion: Alice Rieger
Gestaltungskonzept: GRAMISCI Editorialdesign, München
Gestaltung und Satz: Atelier Krohmer, Dettingen/Erms
Produktion: Eva Schmidt
Printed in Italy / Imprimé en Italie

FSC
www.fsc.org
MIX
Papier aus verantwortungsvollen Quellen
FSC® C023164